名校名师**精品**系列教材

U0177022

UML Software Modeling Task
Driven Tutorial

UML

软件建模任务驱动教程

第 3 版

陈承欢 ◉ 编著

人民邮电出版社

北 京

图书在版编目（CIP）数据

UML软件建模任务驱动教程 / 陈承欢编著. -- 3版
. -- 北京：人民邮电出版社，2022.6
名校名师精品系列教材
ISBN 978-7-115-58134-1

Ⅰ. ①U… Ⅱ. ①陈… Ⅲ. ①面向对象语言－程序设
计－高等职业教育－教材 Ⅳ. ①TP312

中国版本图书馆CIP数据核字(2021)第247408号

内 容 提 要

　　本书通过先进的建模工具+完整的软件模型+系统的 UML 知识，让读者学会应用 UML 知识、构思软件模型、绘制 UML 图。通过体验两个系统（图书管理系统和网上书店系统）和多个软件模块模型的构建过程，读者可以在真实的软件模型构建过程中系统掌握 UML 理论知识、训练技能、积累经验、固化能力。全书贯穿的主线是 UML 的基础知识－软件模块建模－软件系统建模－Web 系统建模－软件模型的实现，每个教学单元面向教学全过程都设置了合理的教学环节，以及层次化、渐进式的技能训练环节。

　　本书适用于 UML 和 Rational Rose 的初、中级用户，可以作为高等院校计算机和软件相关专业的教学用书或参考书，也适合各类软件开发人员学习和参考。

◆ 编　著　陈承欢
　　责任编辑　桑　珊
　　责任印制　王　郁　焦志炜
◆ 人民邮电出版社出版发行　　北京市丰台区成寿寺路 11 号
　　邮编　100164　　电子邮件　315@ptpress.com.cn
　　网址　https://www.ptpress.com.cn
　　北京联兴盛业印刷股份有限公司印刷
◆ 开本：787×1092　1/16
　　印张：14.75　　　　　　　　2022 年 6 月第 3 版
　　字数：375 千字　　　　　　2024 年 12 月北京第 5 次印刷

定价：49.80 元

读者服务热线：(010)81055256　印装质量热线：(010)81055316
反盗版热线：(010)81055315
广告经营许可证：京东市监广登字 20170147 号

前言

PREFACE

从简单的单机桌面程序设计到复杂的多层企业级系统开发，我们如何与客户沟通，了解客户对系统的需求？在开发人员之间如何进行沟通、共享设计？为确保系统的各个部分能够无缝协作，我们需要为系统建模。可视化建模是开发人员及其团队获得系统完整设计蓝图的理想方法，是理解复杂问题和相互交流的一种有效手段。开发人员通过系统模型可以改善与客户及团队内部的相互沟通，便于管理复杂事物、定义软件架构、实现软件复用以及掌握重要的业务流程。

UML（统一建模语言）是系统开发的标准建模语言，它主要以图形方式对软件系统进行分析和设计。UML 是在多种面向对象分析与设计方法相互融合的基础上形成的，它融合了 Booch、OMT 和 OOSE 三种方法中的基本概念，而且有了进一步的发展和完善，并最终成为标准的建模语言。

目前常用的可视化建模工具有 Rational Rose 和 Visio。Rational Rose 是一种基于 UML 的可视化建模工具，是当前业界最常用的可视化开发工具之一。Rational Rose 把 UML 有机地集成到面向对象的软件开发过程中，不论是在系统需求分析阶段，还是在系统的分析与设计、实现与测试阶段，它都提供了清晰的 UML 表达方法和完善的工具，方便建立起相应的软件模型。Rational Rose 易于使用，支持使用多种构件和多种语言的复杂系统建模，利用双向工程技术可以实现迭代式开发，为团队开发提供强有力的支持。Visio 是一款微软公司开发的软件，它便于 IT 人员和商务人员就复杂信息、系统和流程进行可视化处理、分析和交流，使用具有专业外观的 Visio 图表，可以促进对系统和流程复杂信息的深入了解，并利用这些信息做出更好的业务决策。

本书主要特色和创新如下。

（1）通过先进的建模工具 + 完整的软件模型 + 系统的 UML 知识，让读者学会应用 UML 知识、构思软件模型、绘制 UML 图

本书选用了 Rational Rose 进行软件建模。单元 1 至单元 6 主要分析和实现应用系统各个模块的建模，单元 7 主要分析和实现 C/S 应用系统的建模，单元 8 主要分析和实现 Web 应用系统的建模，单元 9 主要编写程序实现 UML 软件模型；各个单元的"知识疏理"环节对 UML 及软件建模的相关理论知识进行条理化、系统化的分析讲解，"方法指导"环节对 UML 建模的基本方法和操作步骤进行分析说明，让读者对 UML 的理论知识和建模方法有一个全面的认识和完整的印象。

（2）面向教学全过程设置了 9 个合理的教学环节，形成 3 条主线

每个教学单元面向教学全过程设置了 9 个合理的教学环节：教学导航 – 前导训练 – 引例探析 – 知识疏理 – 方法指导 – 引导训练 – 同步训练 – 单元小结 – 单元习题。全书隐性形成了 3 条主线。

第 1 条主线是 UML 的基础知识 – 软件模块建模 – 软件系统建模 – Web 系统建模 – 软件模型的实现。

第 2 条主线是技能训练和素质培养主线，每一个单元都设置 3 个技能训练环节：前导训练、引导训练和同步训练。前导训练环节主要完成承前启后的训练任务，巩固前面各单元介绍的 UML 图，引导读者应用已具备的技能绘制 UML 图；引导训练环节引导读者渐进式完成 UML 建模的操作任务，重点训练使用 Rational Rose 绘制本单元介绍的 UML 图，在完成训练任务过程理解 UML 及软件建模的理论知识，训练其创建软件模型的技能；同步训练环节参照引导训练的方法，读者自主完成类似的建模任务，达到学以致用、举一反三的目的。

第 3 条主线是教师组织教学主线，每一单元从引例探析入手，系统讲解一种或多种 UML 图，分析建模方法，注重知识的系统性和条理性。

（3）在真实的软件模型构建过程中掌握知识、训练技能、积累经验、固化能力

本书让读者亲身体验两个系统（图书管理系统和网上书店系统）和多个软件模块模型的构建过程，在软件模型构建过程中读者可系统掌握 UML 理论知识和在 Rational Rose 中绘制 UML 图的方法。这样做的目的是让读者在学习 UML 知识的过程中，亲身利用 UML 来逐步构建 UML 模型，模型构建完成后，留在大脑中的不是一堆抽象的符号、抽象的理论知识，而是一个整体、鲜活的 UML，读者自己构建 UML 的知识体系。

（4）本书强调以练为主、讲练结合、做中学、做中会

UML 模型的构建并不是看会的、听会的，而是练会的。如果只是简单地介绍 UML 的理论知识、Rational Rose 的使用方法，从概念到概念，从理论到理论，即使能够将 UML 硬塞进大脑，也不过是一些抽象的符号，难以用它来自如地建模。只有通过构思模型、创建模型的体验，才会有真知灼见。

有必要说明的是，UML 模型设计是一个迭代过程，要不断循环往复才能完成。某一特定阶段能够获得的信息通常是局部的，模型要随着设计活动的进展做出适当的调整，本书中所构建模型只是系统分析和设计阶段的结果。而且一个拟建系统最后完成的结果也会因人而异，不同的设计往往会有不同的结果。软件模型的构建并无"标准答案"，本书中所构建的软件模型只是一孔之见，仍有不完善之处，仅供参考。

本书由湖南铁道职业技术学院陈承欢教授编著，张军、颜谦和、汤梦姣、冯向科、林东升、张丽芳等老师参与了部分章节的编写工作和实例程序的编写工作。

由于编者水平有限，教材中难免存在疏漏之处，敬请专家与读者批评指正，编者的 QQ 为1574819688。

编者
2022 年 5 月

目 录
CONTENTS

目 录
CONTENTS

目 录

CONTENTS

目　录
CONTENTS

IV

单元1
预览与认知UML软件模型

01

　　统一建模语言（Unified Modeling Language，UML），是一种面向对象的可视化建模语言，它能够让系统构造者用标准的、易于理解的方式建立起能够表达他们设计思想的系统蓝图，并且提供一种机制，以便于不同的人之间可以有效地共享和交流设计成果。

　　UML工具是帮助软件开发人员方便使用UML的软件，其主要功能有：支持各种UML模型图的输入、编辑和存储，支持正向工程和逆向工程，提供与其他开发工具的接口。目前常用的UML工具有IBM公司开发的Rational Rose和微软公司开发的Visio等。IBM公司开发的Rose把UML有机地集成到面向对象的软件开发过程中，无论是在系统需求分析阶段，还是在对象的分析与设计、软件的实现与测试阶段，它都提供了清晰的UML表达方法和完善的工具，方便建立起相应的软件模型。微软公司的Visio可以绘制UML模型图、数据流模型图、数据库模型图、各种流程图、网站总体设计图、网络图等多种类型的图形，是一个功能强大的专业绘图工具。本单元将对Visio做简单的介绍，以后各单元主要使用Rational Rose绘制UML图。

教学导航

教学目标	（1）认识 UML 的用例图、类图、活动图和顺序图 （2）了解 Visio 和 Rational Rose 的界面组成与绘图环境 （3）了解 UML 的功能、组成、图、视图及其应用领域 （4）掌握在 Visio 和 Rational Rose 中浏览 UML 图的方法
教学重点	（1）UML 的功能与组成 （2）Rational Rose 的界面组成 （3）在 Visio 和 Rational Rose 中浏览 UML 图的方法
教学方法	任务驱动教学法、分组讨论法、自主学习法、探究式训练法
课时建议	6 课时

【任务1-1】在Visio中预览用户登录模块的用例图

【任务描述】

Visio是一个专业绘图软件，其界面外观与Office相同，对于熟悉Office办公软件的用户来说，在熟悉的环境中绘图，可以运用已有的知识和技巧，快速熟悉Visio的使用。Visio超强的功能和全新的以用户为中心的设计，使用户更易于发现和使用其功能。

请在Visio中浏览UML的用例图，并认识Visio的界面组成和绘图环境。

【任务实施】

在Visio中浏览用户登录模块的用例图的基本操作步骤如下。

（1）启动Visio

Visio成功启动后，其初始界面如图1-1所示。

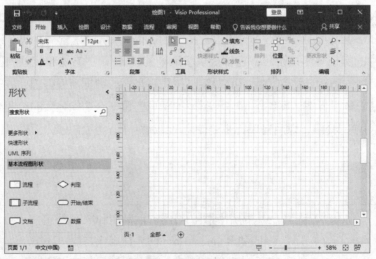

图1-1　Visio的初始界面

（2）打开已有的UML模型文件

在【文件】选项卡中选择【打开】命令，然后在图1-2所示的【打开】对话框中选择Visio文件"01用户登录模块模型"，且单击【打开】按钮，打开图1-3所示的"用户登录用例图"。

Visio工作界面的基本组成与Office相同，主要包括标题栏、工具栏、状态栏、标尺等。Visio是一个专业的绘图软件，其工作界面还包括形状、绘图区域、绘图页、页面标签等，如图1-3所示。

图1-3所示的用户登录用例图包括一个参与者，两个用例，图中带箭头的方框并不是用例图的组成部分，这里标出方框的目的是为了界定软件系统的范围。

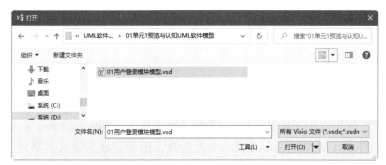

图 1-2　【打开】对话框

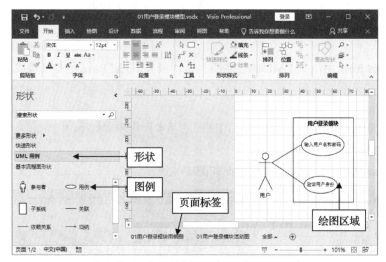

图 1-3　Visio 的工作界面（用户登录用例图）

在用例图页面完成以下操作。

① 单击小人图标选中参与者，观察选中参与者的外观。

② 设置参与者名称的字体、字号和字形。

③ 通过拖放操作调整参与者图标的大小、形状和位置。

④ 单击椭圆图标选中用例，观察选中用例的外观。

⑤ 设置用例名称的字体、字号和字形。

⑥ 通过拖放操作调整用例图标的大小和位置。

（3）保存绘图文件及用例图

单击菜单【文件】→【保存】，或者单击"快速访问工具栏"中的【保存】按钮，即可保存绘图文件及用例图的修改，以防止突发事件引起的数据丢失。

（4）关闭绘图文件

单击菜单【文件】→【关闭】，即可关闭当前打开的绘图文件，但不会退出 Visio。如果单击菜单【文件】→【退出】，则会退出 Visio，同时关闭当前打开的绘图文件。

说明

这里只简单介绍一下 Visio，Visio 是一种优秀绘图工具，但绘制 UML 图使用 Rational Rose 更专业，本书以后各单元使用 Rational Rose 绘制 UML 图。

【任务 1-2】在 Rational Rose 中预览用户登录模块的用例图

【任务描述】

Rational Rose 是一种基于 UML 的建模工具，它易于使用，支持使用多种组件和多种语言的复杂系统建模，利用双向工程技术可以实现迭代式开发。Rational Rose 与微软 Visual Studio 系统开发工具中的 GUI 的完美结合所带来的方便性，使得它成为绝大多数开发人员首选的建模工具。目前，Rational Rose 已经发展成为一套完整的软件开发工具族，它包括系统建模、模型集成、源代码生成、软件系统测试、软件文档生成、模型与源代码之间的双向工程、软件开发项目管理、团队开发管理以及 Internet Web 发布等工具，构成了一个强大的软件开发集成环境。

请在 Rational Rose 中浏览 UML 的用例图，并认识 Rational Rose 的界面组成和绘图环境。

【任务实施】

在 Rational Rose 中浏览用户登录模块用例图的基本操作步骤如下。

（1）启动 Rational Rose

Rational Rose 成功启动后，其初始界面如图 1-4 所示。

图 1-4　Rational Rose 的初始界面

Rational Rose 的初始界面主要包括标题栏、菜单栏、编辑工具栏、模型浏览窗口、文档窗口、模型图窗口、日志窗口、状态栏等部分。其中模型浏览窗口是一个层次结构的导航工具，可以通过它快速地查看用例图、类图、顺序图、状态机图、活动图、部署图等 UML 图的名称以及其中的模型元素。编辑工具栏包括适用于当前模型图的工具，每种模型图都有各自相对应的编辑工具栏。当一个可修改的模型图窗口处于活动状态时，Rational Rose 显示适用于当前模型图的编辑工具栏。文档窗口用于描述模型元素或者关系。模型图窗口用于建立和修改模型图及模型元素。日志窗口用于记录用户操作应用程序和模型元素的信息，是一种辅助提示窗口。

（2）打开已有的 UML 模型文件

单击菜单【File】→【Open】，或者单击"标准"工具栏中的【Open】按钮 📂，打开图 1-5 所示的【Open】对话框。

在【Open】对话框中的"查找范围"列表框中正确选择磁盘和文件夹，再从中选择欲打开的文件，例如"01用户登录模块模型 .mdl"，然后单击【打开】按钮，打开"01用户登录模块模型"文件，如图 1-6 所示。

图 1-5 【Open】对话框

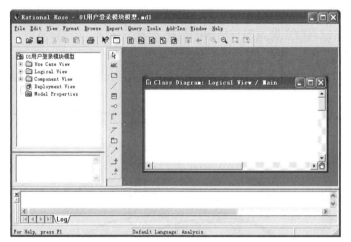

图 1-6　在 Rational Rose 中打开"01用户登录模块模型"文件

（3）显示用例图

在"浏览窗口"中单击"Use Case View"左侧的图标 ⊞，展开"Use Case View"的组成元素，如图 1-7 所示。在"Use Case View"的组成元素中双击"01用户登录模块用例图"，即可打开一个用例图，如图 1-8 所示。

在用例图界面完成以下操作。

① 单击小人图标选中参与者，观察选中参与者的外观。

② 使用菜单【Format】→【Font】设置参与者名称的字体、字形和大小。

图 1-7　"Use Case View"的组成元素

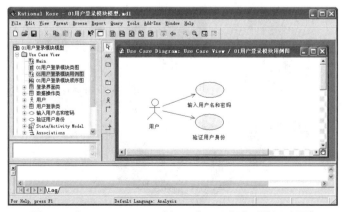

图 1-8　在 Rational Rose 中打开"01用户登录模块用例图"

③通过拖放操作调整参与者图标的大小和位置。

④单击椭圆图标选中用例，观察选中用例的外观。

⑤使用菜单【Format】→【Font】设置用例名称的字体、字形和大小。

⑥通过拖放操作调整用例图标的大小和位置。

⑦使用菜单【Format】→【Line Color】，设置小人图标、椭圆图标和连线的颜色。

⑧使用菜单【Format】→【Fill Color】，设置椭圆图标的填充颜色。

（4）保存模型文件及用例图

单击菜单【File】→【Save】，或者单击"标准"工具栏中的【Save】按钮 🖫 ，即可保存模型文件及用例图的修改，以防止突发事件引起的数据丢失。

（5）关闭用例图

单击用例图窗口右上角的【关闭】按钮 ☒ ，即可关闭当前打开的用例图窗口。

（6）退出 Rational Rose

单击菜单【File】→【Exit】，则会退出 Rational Rose，同时关闭当前打开的模型文件。

◤◢ 引例探析

汽车生产企业在开发新款汽车时，通常需要绘制图 1-9 所示的汽车外观模型。

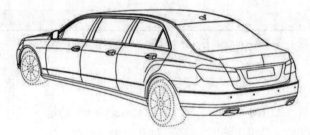

图 1-9　汽车外观模型

建筑设计公司在进行建筑设计时，通常需要绘制图 1-10 所示的建筑外观模型。

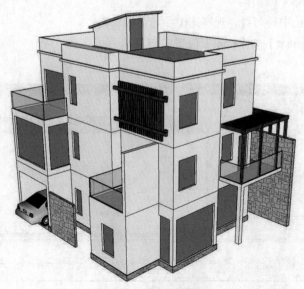

图 1-10　建筑外观模型

模型是所研究的系统、过程、事物或概念的一种表达形式，也可指根据实验、图样放大或缩小制作的样品，一般用于展览、实验或铸造机器零件等用的模子。系统建模是对研究实体进行必要的简化，并用适当的形式或规则把它的主要特征描述出来。所得到的系统模仿品称为模型。

模型是真实事物的抽象，是真实系统的简化。模型提供系统的蓝图，包含对系统的总体设计，也包含细节设计。一个好的模型抓住重要的因素，而忽略无关紧要或可能会引起混淆的细节。每一个系统可以从不同的方面使用不同的模型进行描述。模型可以是结构的，侧重于系统的组织，也可以是行为的，侧重于系统的动作。

建立软件模型是开发人员及其团队获得软件系统完整设计蓝图的理想方法，是理解复杂问题和相互交流的一种有效方法。建立软件模型可以帮助开发人员更好地了解正在开发的系统，开发人员通过软件模型可以改善与客户及团队内部（分析人员、程序员、测试人员以及其他涉及软件项目开发的人员）的相互沟通，便于管理复杂事物、定义软件构架、实现软件复用以及掌握重要的业务流程。

软件分析建模是在系统需求和系统实现之间架起了一座桥梁。软件工程师按照设计人员建立的软件模型，开发出符合设计目标的软件系统，而且软件的维护，改进也基于软件分析模型。随着软件工程理论研究的深入和软件技术的不断发展，软件分析建模也日益完善。尽管不同的软件分析建模平台的建模工作存在差异，但大体可以把软件分析建模分成 3 类，即业务建模、数据建模和应用程序建模。

知识疏理

在开发一个系统之前，不可能全面理解系统每一个环节的需求，随着系统复杂性的增加，先进的建模技术越来越重要。系统开发时，开发人员如何与用户进行沟通以了解系统的真实需求？开发人员之间如何沟通以确保各个部分能够无缝地协作？这就需要为系统建立模型。

1. 建立软件模型的重要性

建立软件模型，软件开发人员可以将重点放在建立映射商业数据和功能需求模型的对象上。然后，客户、项目经理、系统分析员、技术支持人员、软件工程师、系统部署人员、软件质量保证工程师及整个团队就可以运用这些软件模型完成各种任务。客户和项目经理根据软件模型中的用例图获取系统的高级视图以及确定项目范围，项目经理根据用例图和文档可以将复杂项目分解成多个便于管理的小项目，系统分析员和客户根据用例文档了解系统具有的功能，技术支持人员使用用例文档编写出用户手册和培训方案，系统分析员和软件工程师应用顺序图和通信图可以了解系统的逻辑流程、系统中的对象以及这些对象之间流通的信息，软件质量保证工程师根据用例文档、顺序图和通信图可以获取软件测试所需的信息，开发人员利用类图和状态机图可以获取系统组成部分的细节以及它们之间的关系，系统部署人员根据构件图和部署图可以知道所生成的执行文件、DLL 文件和其他构件以及这些构件的部署位置，而整个开发团队根据软件模型就可以确保编码过程遵循规定的开发标准。

建立软件模型具有以下功能。

（1）可以简化系统的设计和维护，使之更容易理解。

（2）便于开发人员展现系统。

（3）允许开发人员指定系统的结构或行为。

（4）提供指导开发人员构造系统的模板。

（5）记录开发人员的决策。

软件开发人员建立软件模型，可以借助于一套标准化的图形图标，站在更高的抽象层次上对复杂的软件问题进行分析。软件开发人员利用软件模型，创建软件系统的不同图形视图，然后逐步添加模型细节，并最终将模型完善成实际的软件实现。

建模不是复杂系统的专利，小的软件开发也可以从建模中受益。实际上，即便是最小的项目，开发人员也要建立模型。但是，越庞大复杂的项目，建模的重要性越大。开发人员之所以在复杂的项目中建立模型，是因为没有模型的帮助，他们不可能完全地理解项目。

通过建模，人们可以每次将注意力集中在某个方面，使得问题变得容易。每个项目可以从建模中受益，甚至在自由软件领域，模型可以帮助开发小组更好地规划系统设计，更快地开发。所有受人关注的有用的系统都有一个随着时间的推移越来越复杂的趋势。如果不建立模型，那么失败的可能性就和项目的复杂度成正比。

2．UML 的功能

从普遍意义上来说，UML 是一种语言。语言的基本含义是一套按照特定规则和模式组成的符号系统，能被熟悉该符号系统的人或物使用。自然语言用于熟悉该语言的各人群之间的交流，编程语言用于编程人员与计算机之间的交流。机械制图也是一种语言，它用于工程技术人员与工人之间的交流。UML 作为一种建模语言，则用于系统开发人员之间，开发人员与用户之间的交流。主要有以下功能。

（1）为软件系统建立可视化模型

UML 符号具有良好的语义，不会引起歧义。UML 为系统提供了图形化的可视模型，使系统的结构变得直观、易于理解；用 UML 为软件系统建立的模型不但利于交流，还有利于软件维护。

模型是什么？模型是对现实的简化和抽象。对于一个软件系统，模型就是开发人员为系统设计的一组视图。这组视图不仅简述了用户需要的功能，还描述了怎样去实现这些功能。

（2）规约软件系统的产出

UML 定义了在开发软件系统过程中需要做的所有重要的分析、设计和实现决策的规格说明，使建立的模型准确、无歧义并且完整。

（3）构造软件系统的产出

UML 不是可视化的编程语言，但它的模型可以直接对应到多种编程语言。例如，可以由 UML 的模型生成 Java、C++ 等语言的代码，甚至还可以生成关系数据库中的表。从 UML 模型生成编程语言代码的过程称为正向工程，从编程语言代码生成 UML 模型的过程称为逆向工程。

（4）为软件系统的产出建立文档

UML 可以为系统的体系结构及其所有细节建立文档。

3．UML 的组成

UML 由视图（View）、图（Diagram）、模型元素（Model Element）和通用机制（General Mechanism）等几个部分组成。

（1）视图

视图是表达系统的某一方面特征的 UML 建模元素的子集。视图并不是具体的图，它是由一个或多个图组成的对系统某个角度的抽象。在建立一个系统模型时，通过定义多个反映系统不同方面的视图，才能对系统做出完整、精确的描述。在机械制图中，为了表示一个零部件的外部形状或内部结构，需要主视图、俯视图和侧视图分别从零部件的前面、上面和侧面进行投影。UML的视图也是从系统不同的角度建立模型，并且所有的模型都是反映同一个系统。UML 包括 5 种不同的视图：用例视图、逻辑视图、并发视图、组件视图和部署视图。

（2）图

图是模型元素的图形表示，视图由图组成，UML 2.0 以前常用的图有 9 种，把这几种基本图结合起来就可以描述系统的所有视图。9 种图分为两类，一类是静态图，包括用例图、类图、对象图、组件图和部署图；另一类是动态图，包括顺序图、通信图、状态机图和活动图。UML 2.0又新增加了几种图，主要有包图、定时图、组合结构图和交互概况图，UML 2.0 的图共有 13 种。状态机图是状态图改名而来的，通信图由协作图改名而来。

（3）模型元素

模型元素是构成图最基本的元素，它代表面向对象中的类、对象、接口、消息和关系等概念。UML 中的模型元素包括事物和事物之间的关系，事物之间的关系能够把事物联系在一起，组成有意义的结构模型。常见的关系包括关联关系、依赖关系、泛化关系、实现关系和聚合关系。同一个模型元素可以在几个不同的 UML 图中使用，不过同一个模型元素在任何图中都保持相同的意义和符号。

（4）通用机制

通用机制用于为模型元素提供额外信息，例如注释、模型元素的语义等。另外，UML 还提供了扩展机制，UML 中包含 3 种主要的扩展组件：构造型、标记值和约束，使 UML 能够适应一个特殊的方法 / 过程、组织或用户。

4. UML 的图

每一种 UML 的视图都是由一个或多个图组成的，图就是系统架构在某个侧面的表示，所有的图一起组成了系统的完整视图。UML 2.0 以前提供了 9 种不同的图，用例图描述系统的功能，类图描述系统的静态结构，对象图描述系统在某个时刻的静态结构，组件图描述实现系统元素的组织，部署图描述环境元素的配置，顺序图按时间顺序描述系统元素的交互，通信图按照时间和空间顺序描述系统元素间的交互和它们之间的关系，状态机图描述系统元素的状态条件和响应，活动图描述系统元素的活动。UML 2.5 模型图的数量达到 14 种，分别为用例图、类图、对象图、组件图、部署图、顺序图、通信图、状态机图、活动图、时序图、包图、组合结构图、交互概况图和配置文件图。UML 2.5 图的类型及功能描述详见表 1-1。

表1-1　UML 2.5图的类型及功能描述

序号	图的名称	功能描述
1	用例图	用例图（Use Case Diagram）展现了一组用例、多个外部参与者以及它们与系统提供的用例之间的关系。用例是系统中的一个可以描述参与者与系统之间交互关系的功能单元。用例图仅仅描述系统参与者从外部观察到的系统功能，并不描述这些功能在系统内部的具体实现。用例图的用途是列出系统中的用例和参与者，并显示哪个参与者参与了哪个用例的执行

序号	图的名称	功能描述
2	类图	类图（Class Diagram）展示了一组类、接口和协作以及它们间的关系，建模时所建立的最常见的图就是类图。类图以类为中心，图中的其他元素或属于某个类，或与类相关联。在类图中，类可以有多种方式相互连接：关联、依赖（一个类依赖或使用另一个类）、特殊化（一个类是另一个类的特例），这些连接称为类之间的关系。所有的关系连同每个类内部结构都在类图中显示。关系用类框之间的连线来表示，不同的关系用连线上和连线端口处的修饰符来区别
3	对象图	对象图（Object Diagram）是类图的变体，展示了一组对象以及它们间的关系，它使用与类图相类似的符号描述。不同之处在于对象图显示类的多个对象实例而非实际的类。可以说对象图是类图的一个实例，用于显示系统执行时的一种可能，即在某一时刻上系统显现的样子。 对象图与类图表示的不同之处在于它用带下画线的对象名称来表示对象，显示一个关系中的所有实例
4	组件图	组件图（Component Diagram）用组件来显示物理结构，由组件、接口和组件之间联系构成，一般用于实际的编程中。组件可以是源代码组件、二进制组件或一个可执行的组件，组件中包含它所实现的一个或多个逻辑类的相关信息。组件图中显示组件之间的依赖关系，应用其可以很容易地分析出某个组件的变化将会对其他组件产生什么样的影响
5	部署图	部署图（Deployment Diagram）用于显示系统的硬件和软件物理结构，不仅可以显示实际的计算机和设备（节点），还可以显示它们之间的连接和连接类型。在部署图中显示哪些节点内已经分配了可执行的组件和对象，以显示这些软件单元分别在哪个节点上运行
6	顺序图	顺序图（Sequence Diagram）显示多个对象之间的动态协作，重点是显示对象之间发送消息的时间顺序。顺序图也显示对象之间的交互，就是在系统执行时，某个指定时间点将发生的事情。顺序图的一个用途是表示用例中的行为顺序，当执行一个用例行为时，顺序图中的每个消息对应了一个类操作或状态机中引起转移的触发事件
7	通信图	通信图（Collaboration Diagram）对一次交互中有意义的对象和对象间的连接建模，它强调收发消息对象的组织结构，按组织结构对控制流建模。除了显示消息的交互，通信图也显示对象以及它们之间的关系。 顺序图和通信图都可以表示各对象之间的交互关系，但它们的侧重点不同。顺序图用消息的排列关系来表达消息的时间顺序，各角色之间的关系是隐含的；通信图用各个角色的排列来表示角色之间的关系，并用消息说明这些关系。在实际应用中可以根据需要来选择两种图，如果需要重点强调时间或顺序，那么选择顺序图；如果需要重点强调对象之间的协作关系，那么选择通信图
8	状态机图	状态机图（State Diagram）是对类描述的补充，它用于显示类的对象可能具备的所有状态，以及引起状态改变的事件。状态之间的变化称为转移，状态机图由对象的各个状态和连接这些状态的转移组成。事件的发生会触发状态间的转移，导致对象从一种状态转化到另一种新的状态。 实际建模时，并不需要为所有的类绘制状态机图，仅对那些具有多个明确状态并且这些状态会影响和改变其行为的类才绘制状态机图
9	活动图	活动图（Activity Diagram）是状态机图的一个变体，显示了系统中从一个活动到另一个活动的流程。活动图显示了一些活动，强调的是对象之间的流程控制
10	时序图	时序图模拟时间的概念以及对象状态随时间变化的方式。此外，这些图可以同时比较多个对象的状态
11	包图	包图表示系统组织的子系统和区域。它还可以模拟包之间的依赖关系，并帮助将业务实体与用户界面、数据库和管理包分开
12	组合结构图	组合结构图在运行时模拟组件或对象行为，显示系统执行期间组件的布局、关系和实例

UML软件建模任务驱动教程（第3版）

序号	图的名称	功能描述
13	交互概况图	交互概况图是将活动图和顺序图嫁接在一起的图，可以看作活动图的变体，它将活动节点进行细化，用一些小的顺序图来表示活动节点内部的对象控制流；也可以看作顺序图的变体，它用活动图来补充顺序图
14	配置文件图	配置文件图用于创建可扩展的配置文件，这些配置文件可应用于从配置文件继承的元素

UML 规范定义了两种主要的 UML 图：结构图和行为图。

（1）结构图

结构图显示了系统及其各个部分在不同抽象层和实现层上的静态结构以及它们如何相互关联。结构图中的元素表示系统的有意义的概念，可能包括抽象的、真实的世界和实现概念。结构图并没有利用时间相关的概念，也没有显示动态行为的细节。但是，它们可能会显示与结构图中展示的分类器行为的关系。

结构图主要包括类图、对象图、包图、组合结构、组件图、部署图、配置文件图。

（2）行为图

行为图显示了系统中对象的动态行为，可以将其描述为随着时间的推移对系统进行的一系列更改。

行为图主要包括用例图、活动图、状态机图、顺序图、通信图、时序图、交互概况图。

从应用角度来看，采用面向对象技术设计系统时，应包括以下步骤。

第一步：描述用户需求，建立用例图。

第二步：根据需求建立系统的静态模型，以构造系统的结构，建立类图（包含包）、对象图、组件图和部署图等静态模型。

第三步：描述系统的行为，建立状态机图、活动图、顺序图和通信图，表示系统执行时的顺序状态或者交互关系。

本书重点介绍用例图、类图、对象图、状态机图、顺序图、通信图、活动图、组件图和部署图的功能与绘制方法。

5. UML 的视图

UML 是用来描述模型的，模型用来描述系统的结构或静态特征，以及行为或动态特征。

随着系统复杂性的增加，建模就成了必不可少的工作。理想情况下，系统由单一的图形来描述，该图形明确地定义了整个系统，并且易于人们相互交流和理解。然而，单一的图形不可能包含系统所需的所有信息，更不可能描述系统的整体结构。一般来说，系统通常是从多个不同的方面来描述。

（1）系统的实例。实例从系统外部参与者的角度描述系统的功能。

（2）系统的逻辑结构。逻辑结构描述系统内容的表示结构和动态行为，即从内部描述如何设计实现系统功能。

（3）系统的并发特性。描述系统的并发性，解决并发系统中存在的各种通信和同步问题。

（4）系统的构成。描述系统由哪些构件组成。

（5）系统的部署。描述系统的软件和硬件设备之间的配置关系。

UML 中，模型是通过视图（View）来描述系统的不同层面的，通过图（Diagram）描述将要建立系统的模块，视图并不是图。每一个视图描述系统某一方面的特征，这样一个完整系统模型就由许多视图从不同的角度来共同描述，这样系统才可能被精确定义。UML 中具有多种视图，细分起来共有五种：用例视图、逻辑视图、并发视图、组件视图和部署视图，用例视图从用户的角度描述系统应具有的功能，逻辑视图展现系统的静态或结构组成及特征，并发视图体现了系统的动态或行为特征，组件视图体现了系统实现的结构和行为特征，部署视图体现了系统实现环境的结构和行为特征。UML 视图的类型及功能描述详见表 1–2。

表1–2　UML视图的类型及功能描述

视图的名称	功能描述
用例视图	用例视图用于建立系统的概念模型，定义系统的外部行为，帮助用户理解和使用系统。强调从系统的外部参与者（主要是用户）角度的需要，描述系统应该具有的功能。用例是系统中的一个功能单元，可以被描述为参与者与系统之间的一次交互作用。用户对系统要的功能被当作多个用例在用例视图中进行描述，一个用例就是对系统的一个用法的通用描述，用例视图的主要用途是列出系统的用例和参与者，并显示哪个参与者参与了哪个用例的执行。 用例视图是其他视图的核心，主要由用例图构成，它的内容直接驱动其他视图的开发。系统要提供的功能都在用例视图中描述，用例视图的修改会对所有其他的视图产生影响
逻辑视图	逻辑视图用于建立系统的逻辑模型，包括分析模型和设计模型，它描述用例视图提出的系统功能的具体实现。与用例视图相比，逻辑视图主要关注系统内部，它既描述系统的静态结构，例如类、对象及它们之间的关系，又描述系统内部的动态协作关系。对系统中静态结构的描述使用类图和对象图，而对动态模型的描述则使用状态机图、顺序图、通信图和活动图。逻辑视图的使用者主要是系统设计和开发人员
并发视图	并发视图主要考虑资源的有效利用、代码的并行执行以及系统环境中异步事件的处理。除了系统划分为并发执行的控制以外，并发视图还需要处理线程之间的通信和同步。描述并发视图主要使用状态机图、通信图和活动图。并发视图的使用者主要是系统开发人员和系统集成人员
组件视图	组件视图是描述系统的实现以及它们之间的依赖关系，它对模型中的组件进行建模，描述应用程序搭建的软件单元以及组件之间的依赖关系，从而可以估计更改的影响。组件视图中可以添加组件的其他附加信息，例如资源分配或其他管理信息。组件视图主要由组件图构成。组件视图的使用者主要是系统开发人员
部署视图	部署视图显示系统的软件和硬件的物理配置，它描述位于节点上的运行实例的部署情况，还允许评估分配结果和资源分配。例如，一个程序或对象在哪台计算机上执行，执行程序的各节点设备之间是如何连接的。部署视图一般使用部署图表示。部署视图的使用者主要是系统开发人员、系统集成人员和测试人员

6. UML 的应用

UML 的目标是以面向对象的方式来描述任何类型的系统。其中最常用的是建立软件系统的模型，但它同样可以用于描述非软件领域的系统，例如企业机构、业务过程，以及处理复杂数据的信息系统、具有实时要求的工业系统或工业过程等。UML 常应用在以下领域。

（1）信息系统

向用户提供信息的存储、检索和提交功能，处理存储在数据库中大量的数据。

（2）嵌入式系统

以软件的形式嵌入硬件设备中从而控制硬件设备的运行，通常为手机、家电或汽车等设备上的系统。

（3）分布式系统

分布在一组机器上运行的系统，数据很容易从一个机器传送到另一个机器上。

（4）商业系统

描述目标、资源、规则和商业中的实际工作。

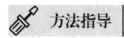方法指导

1. 在启动 Rational Rose 时如何直接打开已有的模型文件？

（1）启动 Rational Rose，出现图 1-11 所示的启动画面。

（2）启动界面消失后，弹出图 1-12 所示的对话框，用来设置启动的初始条件，分为【New】（新建模型）、【Existing】（打开现有模型）和【Recent】（最近打开模型）三个选项卡。

【New】选项卡如图 1-12 所示，用来选择新建模型时采用的模板。

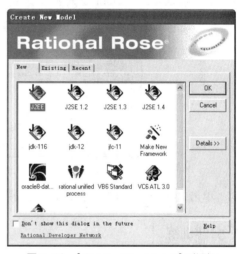

图 1-11　Rational Rose 的启动界面　　　　图 1-12　【Create New Model】对话框

【Existing】选项卡如图 1-13 所示，用来打开一个已经存在的模型。

【Recent】选项卡如图 1-14 所示，用来打开一个最近打开过的模型文件。只要找到相应的模型，单击【Open】按钮或者双击图标即可。

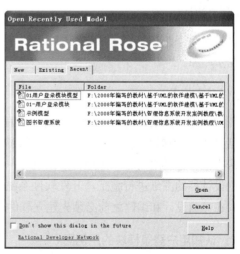

图 1-13　【Existing】选项卡　　　　　　　图 1-14　【Recent】选项卡

（3）切换到【Existing】选项卡，在盘符列表框中选择存放待打开模型的盘符，然后浏览对话框左侧的列表，逐级找到要打开的模型文件所在的文件夹，再从右侧的列表中选出该模型文件，如图 1-13 所示，然后单击【Open】按钮或者双击模型图标即可打开所需的模型文件。

如果当前已经有模型存在，则首先关闭当前的模型。如果当前的模型中包含了未保存过的改动，系统会弹出一个对话框询问是否要保存对当前模型的改动。

2. 在 Rational Rose 中如何通过菜单打开用例图？

（1）单击菜单【Browse】→【Use Case Diagram】，在弹出的【Select Use Case Diagram】对话框中进行选择。

（2）在"Package"列表中选择用例图所在的包"Use Case View"。

（3）在"UseCase Diagrams"列表框中选择所要打开的用例图，如图 1-15 所示。

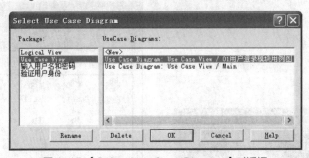

图 1-15 【Select Use Case Diagram】对话框

（4）单击【OK】按钮即可打开所需的用例图。

引导训练

【任务 1-3】认知软件系统用户登录模块的 UML 图

【任务描述】

认知软件系统用户登录模块的用例图、类图、活动图和顺序图，对 UML 的图及软件模型有一个初步印象。

【任务实施】

用户登录界面的设计和用户登录模块的编码都属于软件开发的实施阶段，在系统实施之前还应包括系统分析和设计，在系统分析和设计阶段通过建立软件模块来确定用户需求和系统功能。与建房类似，施工之前必须先进行绘图设计，设计阶段主要绘制图纸、建立模型，施工阶段则根据事先设计好的图纸进行施工。开发软件系统也必须经过系统分析、系统设计、系统实施等主要阶段，在界面设计和编码之前必须先建立软件模块。

1. 认知用户登录模块的用例图

软件系统（例如图书管理系统）的用户登录模块的参与者通常是"用户"，基本功能有两个：

（1）输入用户名和密码；（2）验证用户身份。UML 的用例图用来描述系统的功能，并指出各功能的参与者，用户登录模块的用例图如图 1-16 所示。

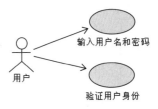

图 1-16　用户登录模块的用例图

用户登录模块的用例图中，参与者"用户"用人形图标表示，用例"输入用户名和密码"和"验证用户身份"用椭圆形图标表示，连线描述它们之间的关系。

2. 认知用户登录模块的类图

用户在"用户登录界面"输入"用户名"和"密码"，然后通过单击【确定】按钮，触发 Click 事件，执行验证用户身份的操作。在面向对象程序设计环境中，窗体也被定义为类，由于采用多层架构，在"业务处理层"调用相应的类执行业务处理，在"数据操作层"调用相应的类执行数据操作。在系统分析和设计阶段使用 UML 的类图定义系统的类以及类的属性和操作。图 1-17 所示为"用户登录界面类"的类图，图 1-18 所示为"用户登录类"的类图，图 1-19 所示为"数据库操作类"的类图。

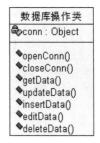

图 1-17　"用户登录界面类"的类图　　图 1-18　"用户登录类"的类图　　图 1-19　"数据库操作类"的类图

UML 使用有三个预定义分栏的图标表示类，从上至下三个分栏表示的内容分别为：类名称、类的属性和类的操作（操作的具体实现称为方法），它们对应着类的基本元素，如图 1-17 ～ 图 1-19 所示。以"数据库操作类"为例说明类图的组成，"数据库操作类"即为该类的类名，类名通常为一个名词，"数据库操作类"包含一个属性"conn"，类的属性描述了类在软件系统中代表的事物（即对象）所具备的特性，这些特性是该类的所有对象共有的。对象可能有很多属性，在系统建模时，只抽取那些对系统有用的特性作为类的属性，通过这些属性可以识别该类的对象。"数据库操作类"包含了 7 个方法，分别为"openConn()""closeConn()""getData()""updateData()""insertData()""editData()""deleteData()"，这些方法可以看作是类的接口，通过该接口可以实现内、外信息的交互。

3. 认知用户登录模块的活动图

UML 的活动图描述为满足用例要求所要进行的活动，描述业务过程的工作流程中涉及的活动。活动图由多个动作组成，当一个动作完成后，动作将会改变，转移到一个新的动作。活动图可用于简化一个过程或操作的工作步骤，例如，软件开发公司可以使用活动图对一个软件的开发过程建模；会计师事务所可以使用活动图对财务往来建模；工业企业可以使用活动图对订单批准过程建模。

用户登录模块的活动图如图 1-20 所示。该活动图描述的用户登录过程如下。

（1）启动软件系统，显示登录界面。

（2）用户在登录界面分别输入"用户名"和"密码"。

（3）用户单击【确定】按钮，系统通过验证用户输入的"用户名"和"密码"的正确性，判断用户身份是否合法。

（4）如果用户身份合法，则成功登录。如果用户输入的"用户名"或"密码"有误，则显示提示信息，此时用户可以单击【取消】按钮，退出登录状态；也可以重新输入用户名或密码，系统重新验证用户的身份。

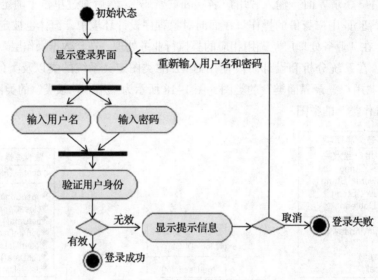

图 1-20　用户登录模块的活动图

4. 认知用户登录模块的顺序图

用户登录成功的顺序图如图 1-21 所示，在顺序图的顶部，对象按消息传递的顺序从左到右排列，垂直方向用对象生命线表示时间，时间的顺序为自顶向下，靠近顶部的消息发生的时间要比靠近底部的消息早。

图 1-21 所示的顺序图执行顺序如下。

（1）用户启动软件系统，向软件系统发出运行系统的消息，即"run system"。

（2）用户登录界面对象发送"createLoginWindow"消息给它自己，以创建登录窗口。

（3）用户输入"用户名"和"密码"，向用户登录界面对象发送"login"消息，验证输入的"用户名"和"密码"是否符合系统规定的限制条件。

（4）用户单击【确定】按钮，触发 Click 事件，向用户登录界面对象发送"checkUser"消息。

（5）用户登录界面向用户登录对象发送"getUserInfo"消息验证"用户名"和"密码"的正确性。

（6）用户登录对象向数据库操作对象发送"getData"消息，从"用户信息"数据表提取登录用户的数据。

（7）数据库操作对象给用户登录对象返回数据。

（8）用户登录对象给用户登录界面返回数据。

（9）用户登录界面给用户返回是否成功登录的信息。

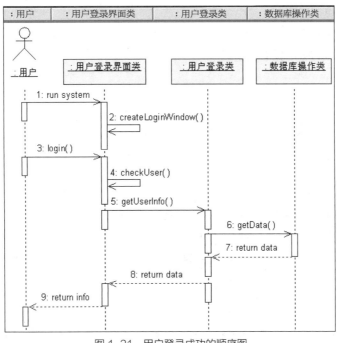

图 1-21　用户登录成功的顺序图

【任务 1-4】在 Visio 中预览用户登录模块的活动图

【任务描述】

（1）在 Visio 中打开"01 用户登录模块模型"，然后显示"01 用户登录模块活动图"。

（2）调整"01 用户登录模块活动图"中文字的大小及各个形状的位置，然后保存活动图的修改。

（3）观察 Visio 界面的组成。

【操作提示】

（1）首先应启动 Visio，然后打开本单元对应的模型文件。

（2）在【模型资源管理器】中双击打开"01 用户登录模块活动图"。

【任务 1-5】在 Rational Rose 中预览用户登录模块的类图和顺序图

【任务描述】

（1）在 Rational Rose 中打开"01 用户登录模块模型"，然后依次显示"01 用户登录模块类图"

和"01 用户登录模块顺序图"。

（2）调整"01 用户登录模块类图"中文字的大小，然后保存类图的修改。

（3）观察 Rational Rose 界面的组成。

【操作提示】

（1）首先应启动 Rational Rose，然后打开本单元对应的模型文件。

（2）展开"Use Case View"的组成元素，然后双击相应的类图或顺序图即可显示。

单元小结

软件模型是系统的完整抽象，图则是模型或模型子集的图形化表示。本单元主要任务是对 UML 的图建立初步印象，了解 Visio 和 Rational Rose 的界面组成，掌握在 Visio 和 Rational Rose 中浏览 UML 图的方法。初步了解 UML 的功能、组成、图、视图及其应用领域。

单元习题

（1）Rational Rose 具有非常友好的图形用户界面，其初始界面主要包括标题栏、菜单栏、（   ）、（   ）、文档窗口、（   ）、日志窗口、状态栏等部分。

（2）UML 的主要功能有哪些？

（3）简述 UML 中视图和图的关系。

（4）简述 UML 的组成，并说明什么是模型元素。

单元2
用户登录模块建模

02

进行软件开发时，首先要做的就是识别用户需求。由于用例图是从用户角度描述系统功能的，所以在进行需求分析时，使用用例图可以更好地描述系统应具备的功能。用例图由开发人员与用户经过多次商讨而共同完成，软件建模的其他部分都是从用例图开始的。

用户登录模块的用例图、类图、活动图、顺序图在单元1有初步介绍，本单元重点分析用例图的绘制，同时介绍用例图的功能、元素及关系，分析如何识别使用者和用例。

▶ 教学导航

教学目标	（1）熟悉 UML 用例图的功能和元素 （2）学会识别使用者和用例 （3）理解用例之间的关系和参与者的泛化 （4）学会在 Rational Rose 中绘制用例图 （5）学会以书面文档形式对用例进行描述
教学重点	（1）识别使用者和用例 （2）在 Rational Rose 中绘制用例图 （3）描述用例
教学方法	任务驱动教学法、分组讨论法、自主学习法、探究式训练法
课时建议	6 课时

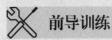 前导训练

【任务 2-1】浏览用户登录模块的活动图

【任务描述】

在 Rational Rose 中浏览用户登录模块的活动图，调整活动图中图形元素的位置，将文字大小

设置为 10。

【操作提示】

（1）启动 Rational Rose，且打开单元 1 对应的模型文件。

（2）在 Rational Rose 的【浏览窗口】中展开 "Use Case View" 节点。

（3）接着展开 "State/Activity Model"，双击 "01 用户登录模块活动图" 即可显示该活动图。

【任务 2-2】创建 Rose 模型 "02 用户登录模块模型"

【任务描述】

创建一个 Rose 模型，将其命名为 "02 用户登录模块模型"，且保存在本单元对应的文件夹中。

【操作提示】

（1）启动 Rational Rose。

（2）单击菜单【File】→【New】，或者单击 "标准" 工具栏中的【New】按钮，如果安装了框架向导，则会出现可以利用的模型框架，如图 2-1 所示，选择要用的模型框架后单击【OK】按钮，或者直接单击【Cancel】按钮不使用模型框架。

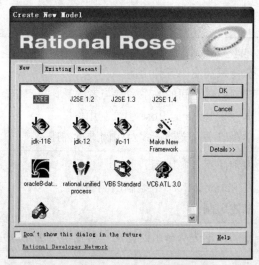

图 2-1　在【Create New Model】对话框中选择模型框架

【知识链接】

在 Rational Rose 中，模型框架是一系列预定义的模型元素，这些元素是建立系统所需的。框架既可以定义某种系统的体系结构，也可以提供某些可重用的构件。在建立一个新的模型时，框架被用作模板。每个框架被保存在 Rational Rose 安装文件夹的一个独立的文件夹中。如果从向导中选择了一个模型框架，则 Rose 会自动装入该框架默认的类、包和构件等。

（3）保存 Rose 模型。单击菜单【File】→【Save】，或者单击工具栏中的【Save】按钮。如果是创建模型之后的第一次保存操作，则会弹出一个【Save As】对话框，在该对话框中选择模型文件的保存位置，且输入模型文件名称"02用户登录模块模型"。默认情况下，Rose模型都是以扩展名为.mdl的文件进行保存，这个文件包括了所有的模型图、对象和其他模型元素。如果要以不同的格式保存Rose模型，可以从"保存类型"下拉列表框中选择相应的选项，然后单击【保存】按钮即可。

引例探析

普通电话机的主要功能是"打电话"和"接电话"。打电话和接电话的人被统称为"用户"，普通电话机的用例图如图2-2所示。如果电话机还具有"电话录音"功能，则用例图如图2-3所示。

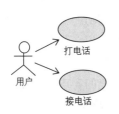 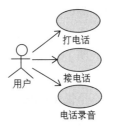

图2-2 普通电话机的用例图　　图2-3 带录音功能电话机的用例图

【试一试】

（1）手机的主要功能是"打电话""接电话""收短信""发短信"，试着绘制手机的用例图。

（2）根据如下关于电梯控制器的问题描述，绘制一个用例图。

每部电梯都有楼层按钮，每一楼层有一组。乘坐电梯的人可以按下楼按钮，按钮被按下时指示灯会闪亮，然后通知电梯运行到指定的楼层。等电梯到达指定楼层时，按钮停止指示灯闪亮。乘客在必要时可以按下紧急求助按钮，该按钮会自动发出求救信号。技术员可以通过一个控制键激活或终止电梯的楼层按钮。出于安全方面的考虑，只有保安人员可以通过一个控制键打开地下室的电梯楼层按钮。所有的电梯都是通过大厅前台的一个控制中心控制。

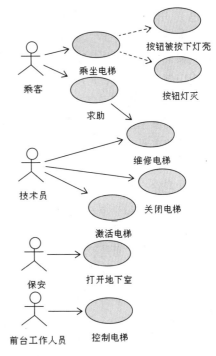

图2-4 供参考的电梯运行用例图

【操作提示】

供参考的电梯运行用例图如图2-4所示。

知识疏理

在软件开发的生命周期中，用例图主要在系统需求分析阶段和系统设计阶段使用。在系统的需求分析阶段，用例图用来获取系统的需求，理解系统应当如何工作。在系统设计阶段，用例图可以用来规定系统要实现的行为。

1. UML 用例图的功能

用例图的提出对于软件开发方法的研究具有重要意义。实际上，人们进行软件开发时，无论采用面向对象方法还是传统方法，首先要做的事情就是了解用户需求。分析典型用例是开发者准确迅速地了解用户需求和相关概念的最常用也是最有效的方法，是用户和开发者一起深入剖析系统功能需求的起点。

用例图描述的是参与者（actor）所理解的系统功能，仅从用户使用系统的角度描述系统中的信息，并不描述系统内部对该功能的具体操作方式。用例图用于需求分析阶段时，程序开发者不应该考虑代码或程序的问题，它只是理解需求和实现系统的第一步。分析的第一步是确定系统能够做什么、谁来使用这个系统。用例描述了系统提供什么样的功能，它的建立是系统开发者和用户反复讨论的结果，表明了开发者和用户对需求规格达成的共识。首先，它描述了待开发系统的功能需求；其次，它将系统看作黑盒，从参与者的角度来理解系统；第三，它驱动了需求分析之后各阶段的开发工作，不仅在开发过程中保证了系统所有功能的实现，而且被用于验证和检测所开发的系统，从而影响到开发工作的各个阶段和 UML 的各个模型。

在 UML 中，用例图的用途是列出系统中的用例和参与者，并显示哪个参与者参与了哪个用例的执行。用例图是一种描述用例的可视化工具，它用简单的图形元素表示出系统的参与者（即角色）、用例以及它们之间的关系，准确地表达了角色与系统交互的情况和系统所能提供的服务。用例图描述了从外部"参与者"来看系统应该完成的功能以及系统的需求。用例图的主要元素是用例和参与者。用例是系统中的一个功能单元，可以被描述为参与者与系统之间的一次交互作用。因为用例是从参与者角度来看系统的，所以要确定系统的用例，首先要确定好系统边界，找出系统的参与者，然后可以对这些参与者进行调查，了解他们希望系统提供给他们什么功能，并由此来确定用例。为了获取参与者，可以通过让用户回答一些问题的答案来识别参与者。例如，谁使用系统的主要功能（主要使用者）？谁需要系统支持他们的日常工作？在得到了参与者的情况下，就可以对每个参与者提出问题以获取用例。例如，参与者需要做什么？参与者需要新建、保存、读取和删除的信息有哪些？系统需要什么输出和输入？

参与者不是特指人，是指系统以外的、在使用系统或与系统交互中所扮演的角色。因此，参与者可以是人，可以是事物，也可以是时间或其他系统等。还有一点要注意的是，参与者不是指人或事物本身，而是表示人或事物当时所扮演的角色。

从技术角度来看，用例内容集中在系统解决方案能完成哪些功能，而不是如何构建系统。用例是参与者想要系统做的事情，可以给用例取一个简单、描述性的名称，一般为带有动作性的词。

用例建模可分为用例图和用例描述。用例图由参与者（角色）、用例（Use Case）、系统边界、带箭头直线组成，用画图的方法来完成。用例图只是简单地用图描述了系统，但对于每个用例，还需要有详细的说明，这样就可以让其他人对这个系统有一个更详细的了解，因此需要编写用例描述。用例描述用来详细描述用例图中每个用例，它用文本文档来完成。用例描述的内容，一般没有硬性规定的格式，一般包括：简要说明、前置条件、基本事件流、其他事件流、异常事件流和后置条件等，这些内容说明如下。

（1）简要说明。简要描述该用例的功能。

（2）前置条件。执行用例之前系统必须处于的状态，或者要满足的条件。

（3）基本事件流。描述该用例的基本流程，即每个流程都"正常"运行时所发生的事件，没有任何备选流和异常流，而只有最有可能发生的事件流。

（4）其他事件流。表示这个行为或流程是可选的或备选的，并不是总要执行它们。

（5）异常事件流。表示发生了某些非正常的事件所要执行的流程。

（6）后置条件。用例一旦执行后系统所处的状态。

2. UML 用例图的组成元素

用例图主要应用于需求分析阶段，其主要作用有：（1）获取需求；（2）指导测试；（3）在整个过程中的其他工作流中起指导作用。

用例图元素主要包括参与者与用例两个部分，另外还包括参与者与用例之间，以及用例之间的关系。

（1）参与者

参与者（Actor）也称为角色，是使用系统的对象，可以是人，也可以是另一个系统，它与当前系统进行交互，向系统提供输入或从系统中获得输出。参与者是一个群体概念，不仅仅指某个个体，而是指一类使用某个功能的人或事。在系统的实际运作中，一个实际用户可能对应系统的多个参与者，同样，不同的多个用户也可以只对应于一个参与者，从而代表同一个参与者的不同实例。

在用例图中，参与者用一个小人形图标表示，图标下面标出参与者的名称，如图 2-5 所示。当为参与者命名时要避免为代表人的参与者起一个实际的人名，而应该以其使用系统时的角色为参与者命名，例如使用管理信息系统的系统管理员、数据库管理员、操作员，使用学生管理系统的管理员、教师、学生。

（2）用例

用例（Use Case）描述系统所有功能需求的过程称为用例分析，是对客户需求的分析，是整个系统开发中非常关键的过程。每个用例说明一个系统提供给使用者的一种服务，即一种对外部可见的使用系统的特定方式。它以用户的观点描述用户和系统之间交互的完整顺序，以及由系统执行的响应。

用例图中，用例使用椭圆表示，用例的名称可以写在椭圆的内部或者下方，如图 2-5 所示。用例名可以是包含字母、数字或汉字的字符串。一般情况下，用例的名称尽量使用动词加可以描述系统功能的名称。例如，验证身份、查询成绩、借出图书等。

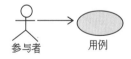

图 2-5　用例图示意

（3）关系

用例与参与者之间的连线称为关系，关系也称为关联，它表示参与者与用例之间的通信。参与者可以与多个用例关联，同样用例也可以与多个参与者关联，理论上并没有限制。

3. UML 用例间的关系

在 UML 中，一个用例图包括用例的集合，该集合定义了整个系统的功能。用例图是表达用例和系统参与者及其之间关系的载体。这些关系可以是：关联关系、包含关系、扩展关系和泛化关系。

（1）关联关系

关联关系（Association）描述参与者与用例之间的关系，在用例图中，关联关系使用箭头表示。关联关系表示参与者与用例之间的通信，不同的参与者可以访问相同的用例。

（2）包含关系

虽然每个用例的实例都是独立的，但是一个用例也可以用其他简单的用例来描述，这点有些类似于通过继承父类并增加附加描述来定义一个子类。一个用例可以简单地包含其他用例具有的行为，并把它所包含的用例行为作为自身行为的一部分，这称为包含关系（Include）。在这种情况下，新的用例不是初始用例的一个特殊的例子，并且不能被初始用例所代替。在 UML 中，包含关系表示为带箭头的虚线，其上标有 <<include>> 字样，箭头指向被包含用例，如图 2-6 所示。包含关系把几个用例的公共部分分离成一个单独的被包含用例。我们将被包含用例称为提供者用例，包含用例称为客户用例，提供者用例提供功能给客户用例使用，如图 2-7 所示。用例间的包含关系允许把提供者用例的行为包含在客户用例的事件中。

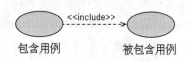

图 2-6　包含关系标识符

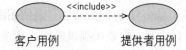

图 2-7　客户用例与提供者用例之间的包含关系

包含关系一般在以下场合中使用。

① 如果两个以上用例有大量一致的功能，则可以将这些功能分解到另一个用例中，其他用例可以和这个用例建立包含关系。

② 一个用例的功能太多时，可以使用包含关系建立若干个更小的用例。

图 2-8 所示为图书管理系统的用例图的部分内容。"查询图书信息"和"查询读者信息"的功能在"借出图书"过程中使用，在执行"借出图书"用例时，总要执行"查询图书信息"和"查询读者信息"用例，它们之间具有包含关系。

图书借阅员执行借出图书操作和归还图书操作时，都需要检查是否存在超期未还图书，因此，可以将检查超期从这两个用例中提取出来，形成一个公用的新用例，如图 2-9 所示。

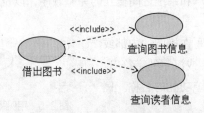

图 2-8　一个客户用例包含两个提供者用例

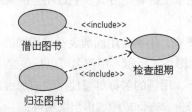

图 2-9　两个客户用例包含一个提供者用例

为软件系统建立模型时，使用包含关系有助于在实现系统时，确定哪里可以重用某些功能，在编写代码时就可以实现代码的重用，从而缩短系统的开发周期。

（3）扩展关系

当某个新用例在原有用例的基础上增加了新的行为，则原有用例被称作基础用例（Base Use Case），而这种关系被称为扩展关系（Extend）。扩展关系是把新的行为插入到已有用例中的方法，基础用例可以隐式地包含另一个用例。在 UML 中，扩展关系表示为带箭头的虚线加 <<extend>> 字样，箭头指向基础用例，如图 2-10 所示。

基础用例可以独立于扩展用例单独存在，没有扩展用例也是允许的，只有在特定条件下扩展用例才被执行。

图 2-11 所示为图书管理系统用例图的部分内容。其中"还书"是基础用例，"交纳罚金"是扩展用例。如果读者所借图书没有逾期，直接执行"还书"用例即可；如果所借图书逾期后才归还，则读者还需要按规定交纳一定的罚金才能完成还书的行为。但是正常的"还书"用例不具备这样的功能，如果更改"还书"用例的设计势必会增加系统的复杂性，这时可以在"还书"用例中增加扩展点，在逾期归还的情况下将执行扩展用例"交纳罚金"，这种处理方式使得系统更容易被理解。

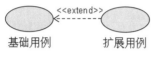

图 2-10　用例间的扩展关系示意

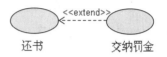

图 2-11　用例间的扩展关系示例

（4）泛化关系

泛化（Generalization）是指一个用例可以被特别列举为一个或多个子用例；当父用例被执行时，任何一个子用例也可以被执行。如果系统中一个或多个用例是某个一般用例的特殊化时，就需要使用用例的泛化关系。在 UML 中，用例的泛化用一个三角形箭头从子用例指向父用例来表示，如图 2-12 所示。

在用例的泛化关系中，子用例表示父用例的特殊形式。子用例从父用例处继承行为和属性，还可以添加、覆盖或改变继承的行为。如图 2-13 所示，父用例为"罚款"，该父用例的三个子用例分别为"损坏图书罚款""图书超期罚款"和"遗失图书罚款"。

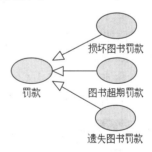

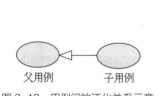

图 2-12　用例间的泛化关系示意

图 2-13　用例间的泛化关系示例

方法指导

1. 如何利用 Rational Rose 的菜单在用例图中增加新用例？

（1）单击 Rational Rose 的菜单项【Tools】→【Create】→【Use Case】，如图 2-14 所示。

（2）在用例图中需要放置新用例的位置单击鼠标左键，这时在选定位置会建立一个新的用例，新用例的名称默认为"NewUseCase"。

（3）输入新用例的名称即可。

Rational Rose 会将新创建的用例自动添加到【浏览窗口】的用例视图中。

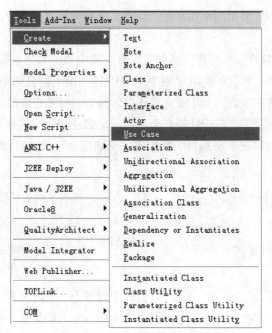

图 2-14　增加新用例的菜单项

2. 在 Rational Rose 的用例图中，如何添加已有的用例？

方法一：在【浏览窗口】中单击选中一个用例，然后将它拖动到打开的用例图中即可。

方法二：使用 Rational Rose 的菜单将已有的用例添加到用例图中。

（1）打开要添加用例的用例图。

（2）单击 Rational Rose 菜单项【Query】→【Add Use Cases】，如图 2-15 所示。打开【Add Use Cases】对话框，通过该对话框可以选择要添加到用例图中的用例，如图 2-16 所示。

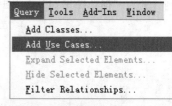

图 2-15　添加现有用例的菜单项

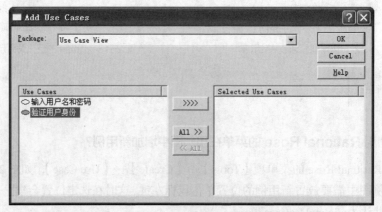

图 2-16　在【Add Use Cases】对话框中选择需要添加的用例

（3）在"Package"下拉列表框中选择用例所在的包。

（4）在"Use Cases"栏选中要添加的用例，单击 >>>> 按钮，在"Selected Use Cases"栏中出现要增加的用例。

（5）单击【OK】按钮，将用例添加到当前打开的用例图中。

3. 在 Rational Rose 中，如何从整个模型删除用例与从一个用例图中删除用例?

从一个用例图中删除用例，模型中并没有删除该用例，在【浏览窗口】的用例视图中还可以看到该用例。从模型中删除用例，则所有的用例图都会删除该用例，【浏览窗口】的用例视图也看不到该用例。

（1）从一个用例图中删除一个用例

① 选择用例图中的一个用例。

② 按【Delete】键即可。

（2）从整个模型中删除一个用例

方法一：在用例图中删除

① 选择用例图中的用例。

② 单击 Rational Rose 的菜单项【Edit】→【Delete from Model】或者按【Ctrl+D】组合键。

方法二：在【浏览窗口】中删除

① 右键单击【浏览窗口】中的用例名称。

② 在弹出的快捷菜单中单击菜单项【Delete】即可。

🔧 引导训练

【任务 2-3】绘制用户登录模块的用例图与描述用例

【任务描述】

（1）对图书管理系统的用户登录模块进行需求分析。

（2）识别用户登录模块的参与者。

（3）识别用户登录模块的用例。

（4）在 Rational Rose 中绘制用户登录模块的用例图。

（5）对图书管理系统的用户登录模块的用例进行描述。

【任务实施】

用例图用于定义系统的功能需求，描述了系统的参与者与系统提供的用例之间的连接关系。用例图只说明系统实现什么功能，而不必说明如何实现，表示从系统的外部用户的观点看系统应具有的功能。

1. 分析用户登录模块的功能需求

根据用户提出的具体需求和软件系统的开发要求，用户登录模块的功能需求会有所不同，最基本的需求是：提供输入"用户名"和"密码"的文本框，验证用户身份的合法性。

2. 识别使用者

识别参与者是在需求分析阶段进行的一项重要工作，通常与用例识别结合在一起展开。为了识别出一个系统所涉及的参与者，可以向用户提出以下一些问题。

（1）谁将使用系统的主要功能？

（2）谁将需要系统的支持来完成他们的日常任务？

（3）谁必须维护、管理和确保系统正常工作？

（4）谁将给系统提供数据、使用数据和删除数据？

（5）系统需要处理哪些硬件设备？

（6）系统是否使用了外部资源？

（7）系统需要与哪些其他系统进行交互？

（8）在预定的时刻，是否有事件自动发生？

（9）系统从何处获取信息？

（10）谁或者什么对系统产生的结果感兴趣？

（11）一个人同时使用几种不同的规则吗？

（12）几个人使用相同的规则吗？

对上述系列问题的回答涵盖了所有与系统有关联的用户。对这些用户的角色进行分析和分配，就可以得到当前正在开发的系统应当具有的参与者。

通常，一个参与者可以代表一个人、一个子系统、硬件设备或者时间等角色。例如，在超市的销售系统中，直接使用该系统的店员就是参与者。当顾客使用银行卡刷卡消费时，银行交易系统就是参与者。

在确定参与者时，要注意区分角色与具体的人或物之间的区别。例如，图书管理系统建模时，"图书管理员"作为参与者，而不是扮演图书管理员角色的具体人。

单元1将"用户登录模块"的参与者统称为"用户"，事实上根据工作内容和操作权限的不同，可以将"用户"细分为四类参与者：图书借阅员、图书管理员、系统管理员和图书借阅者。图书借阅员必须先进行登录，然后才可以执行借出或归还图书的操作；图书管理员必须先进行登录，然后才可以执行编制书目、图书入库等操作；系统管理员必须先进行登录，然后才可以进行系统的维护操作；图书借阅者也必须先进行登录然后查询图书借阅情况或查询图书馆藏书信息。

3. 识别用例

识别用例是系统分析的关键工作，因为后续的各项工作都是以用例为基础而展开。如何识别出正在开发的系统必须具备的用例呢？为了正确地回答这个问题，最好是对参与者的需求进行研究，并定义出参与者是怎样处理系统的。具体地讲，可以提出以下几个问题，然后根据对这些问题的回答来确定用例。

（1）参与者要向系统获取哪些功能，即参与者要系统"做什么"？

（2）每个参与者的特定任务是什么？

（3）参与者需要读取、创建、修改或者存储系统的某些数据吗？

（4）是否任何一个参与者都要向系统通知有关突出性的、外部的改变。或者必须通知参与者关于系统中发生的事件？

（5）是否存在影响系统的外部事件？

（6）系统需要哪些输入／输出？

（7）这些输入／输出来自哪里或者到哪些去了？

（8）哪些用例支持或维护系统？

（9）是否所有功能需求都被用例使用了？

（10）系统当前实现的问题是什么？

由于系统的全部需求通常不可能在一个用例中体现出来，所以一个系统往往会有很多用例。实际上，从确定系统参与者时，就已经开始对用例识别了。对于已经识别的参与者，通过考虑每个参与者是如何使用系统的，以及系统对事件的响应来识别用例。使用这种策略的过程可能会发现新的参与者，这对完善整个系统的模型是有很大帮助的。用例模型的建立是一个迭代过程。

根据前面的需求分析可知，用户登录模块的主要功能是：输入"用户名"和"密码"，验证用户身份的合法性，所以其主要用例有两个：输入用户名和密码，验证用户身份。

4. 使用 Rational Rose 绘制用户登录模块的用例图

（1）建立新的用例图

在 Rational Rose【浏览窗口】中【Use Case View】对应的行单击右键，在弹出的快捷菜单中选择【New】选项，然后单击下一级菜单项【Use Case Diagram】，如图 2-17 所示。

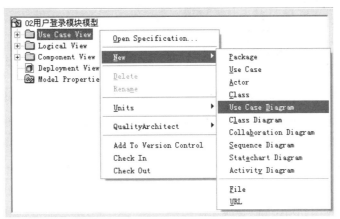

图 2-17　新建用例图的快捷菜单

提示　【New】菜单有多个下级菜单项，分别为 Package（包）、Use Case（用例）、Actor（角色）、Class（类）、Use Case Diagram（用例图）、Class Diagram（类图）、Collaboration Diagram（通信图）、Sequence Diagram（顺序图）、Statechart Diagram（状态机图）、Activity Diagram（活动图）。

此时，在【Use Case View】节点下添加了一个名为"NewDiagram"的项，"NewDiagram"表示新建的用例图的默认名称，输入一个新的名称"02用户登录模块用例图"，图标 表示"用例图"。

（2）显示用例图【编辑】窗口和编辑工具栏

双击【浏览窗口】中的"Use Case View"节点中的项"02用户登录模块用例图"，如图 2-18

所示，显示用例图【编辑】窗口和编辑工具栏，如图 2-19 所示。

图 2-18 双击用例图名称

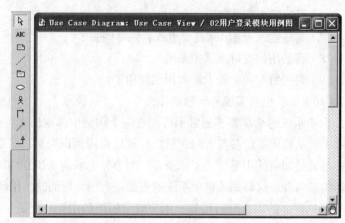

图 2-19 用例图【编辑】窗口和编辑工具栏

【知识链接】

用例编辑工具栏中各个铵钮的图标、名称和功能如表 2-1 所示。

表2-1 用例编辑工具栏中各个铵钮的图标、名称和功能

序号	图标	按钮名称	功能说明
1	▶	Selection Tool	选择
2	ABC	Text Box	添加文本框
3	▢	Note	添加注释
4	╱	Anchor Note to Item	连接图中的元素与注释
5	▢	Package	包
6	○	Use Case	用例
7	人	Actor	参与者
8	┌	Undirectional Association	关联系统
9	↗	Dependency or Instatiate	依赖及实例化（包括扩展、使用关系等）
10	↴	Generalization	泛化关系

（3）绘制参与者

单击编辑工具栏中的按钮 人，然后在用例图【编辑】窗口要绘制参与者处单击鼠标左键，则用例图【编辑】窗口中会出现一个参与者的图标，新绘制参与者的默认名称为 "NewClass"，将参与者的名称修改为 "图书管理员"，如图 2-20 所示。

以同样的方法，绘制另外两个用例：系统管理员和图书借阅员，这里暂不考虑图书借阅者。如图 2-21 所示。

（4）设置参与者的属性

右键单击图 2-21 所示的用例图中的参与者 "图书管理员"，在弹出的快捷菜单中单击【Open Specification】菜单项，或者在直接双击参与者图标，打开图 2-22 所示的参与者属性设置的对话框，在默认打开的【General】选项卡中可以设置参与者的名称 "Name"、构造型 "Stereotype"

以及文档说明"Documentation"，参与者属性设置完成单击【OK】按钮即可。

图 2-20　在用例图【编辑】窗口绘制一个参与者并改名　　　　图 2-21　在用例图【编辑】窗口绘制三个参与者

图 2-22　参与者属性设置对话框的【General】选项卡

【知识链接】

在 Rational Rose 中，参与者的属性设置与类使用相同的对话框，该对话框包括如下选项卡：通用（General）、细节（Detail）、操作（Operations）、属性（Attributes）、关系（Relations）、组件（Components）、嵌套（Nested）和文件（Files）。这些选项卡中有些只与类有关，而与参与者无关，其中与参与者有关的有通用（General）、细节（Detail）、关系（Relations）和文件（Files）。

【参与者的属性设置】对话框中的【General】选项卡可以设置参与者的名称（Name）、构造型（Stereotype）和文档说明（Documentation），如图 2-22 所示。【Detail】选项卡可以设置参与者的多重性（Multiplic）和抽象参与者（Abstract），如图 2-23 所示。【Relations】选项卡列出了参与者参与的所有关系，包括参与者与用例、参与者与其他参与者的一切关系。在这个选项卡中可以浏览、增加或者删除关系，如图 2-24 所示。

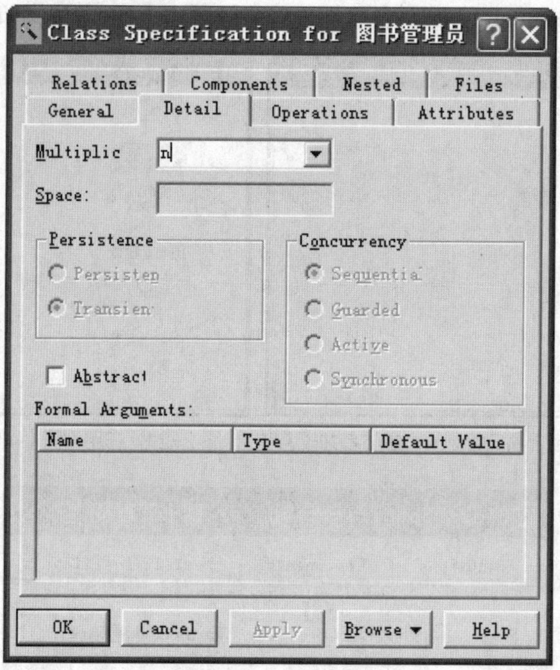

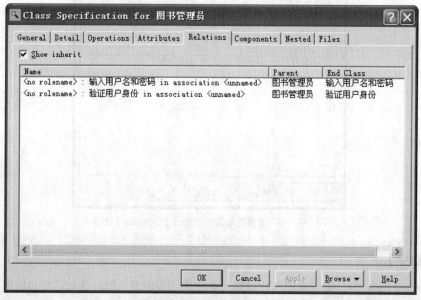

图 2-23　参与者属性设置对话框的【Detail】选项卡

图 2-24　参与者属性设置对话框的【Relations】选项卡

（5）绘制用例

单击编辑工具栏中的按钮 ◯，然后在用例图【编辑】窗口要绘制用例处单击鼠标左键，则用例图【编辑】窗口中会出现一个用例的图标，新绘制用例的默认名称为"NewUseCase"，将参与者的名称修改为"输入用户名和密码"，如图 2-25 所示。

绘制另一个用例"验证用户身份"，结果如图 2-26 所示。

（6）设置用例的属性

右键单击图 2-26 所示的用例图中的用例"输入用户名和密码"，在弹出的快捷菜单中单击

【Open Specification】菜单项，或者在直接双击用例图标，弹出用例属性设置的对话框，如图 2-27 所示。在该对话框中对用例属性进行设置，用例设置完成后单击【OK】按钮即可。

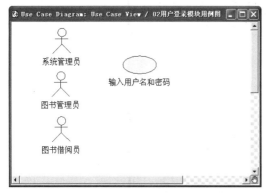

图 2-25　在用例图【编辑】窗口绘制一个用例并改名

图 2-26　在用例图【编辑】窗口绘制另一个用例并改名

图 2-27　用例属性设置对话框的【General】选项卡

【知识链接】

用例属性设置对话框中包含四个选项卡：通用（General）、模型图（Diagrams）、关系（Relations）和文件（Files）。

用例属性设置对话框的【General】选项卡如图 2-27 所示，【General】选项卡中包括 Name、Stereotype、Rank、Abstract 和 Documentation 等项。【Name】文本框用于设置用例的名称，【Stereotype】用于指定用例所属的构造型，包括"Business Use Case""Business Use Case Realization"和"use-case realization"，【Rank】用于区分用例的优先顺序，【Abstract】表示用例是一个抽象用例，【Documentation】用于描述用例。

【Diagrams】选项卡表示用例所拥有的模型图的信息，如图 2-28 所示，其中第一列显示模型图的图标，第二列（Title）显示图的名称，双击其中的模型图名称可以打开用例所包含的模型图。

图2-28 用例属性设置对话框的【Diagrams】选项卡

【Relations】选项卡列出了用例与其他用例或参与者之间存在的所有关联关系，如图2-29所示，列表框中列出关系名称和关系所在连接的项目。

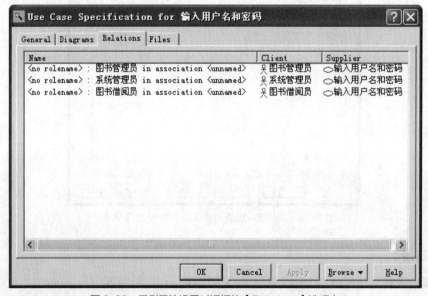

图2-29 用例属性设置对话框的【Relations】选项卡

【Files】选项卡对于维护正在建立的系统所涉及的辅助文档很有用，例如视图文档、GUI框架和项目计划等，如图2-30所示。

（7）添加参与者与用例之间的关系

参与者"图书管理员"与用例"输入用户名和密码"之间的关系为关联关系。单击选择用例编辑工具栏中的按钮，在用例图【编辑】窗口起始元素"参与者"处按下左键，然后按住左键拖动鼠标到终止元素"用例"处，如图2-31所示，松手后在"图书管理员"与"输入用户名和密码"之间添加了关联关系。

用同样的方法，在"系统管理员"和"输入用户名和密码"之间，"图书借阅员"和"输入用户名和密码"之间，在"图书管理员"和"验证用户身份"之间，"系统管理员"和"验证用户身份"之间，"图书借阅员"和"验证用户身份"之间添加关联关系，结果如图 2-32 所示。

图 2-30 用例属性设置对话框的【Files】选项卡

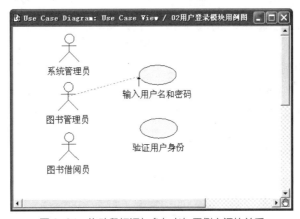

图 2-31 拖动鼠标添加参与者与用例之间的关系

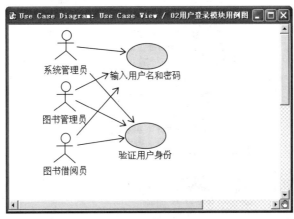

图 2-32 在参与者与用例之间添加关联关系

（8）设置关系的属性

双击关系线，打开图 2-33 所示关系属性设置对话框，在该对话框中可以设置关系的各种属性，例如在【General】选项卡中可以设置关系的名称（Name），更改关系的构造型（Stereotype）。

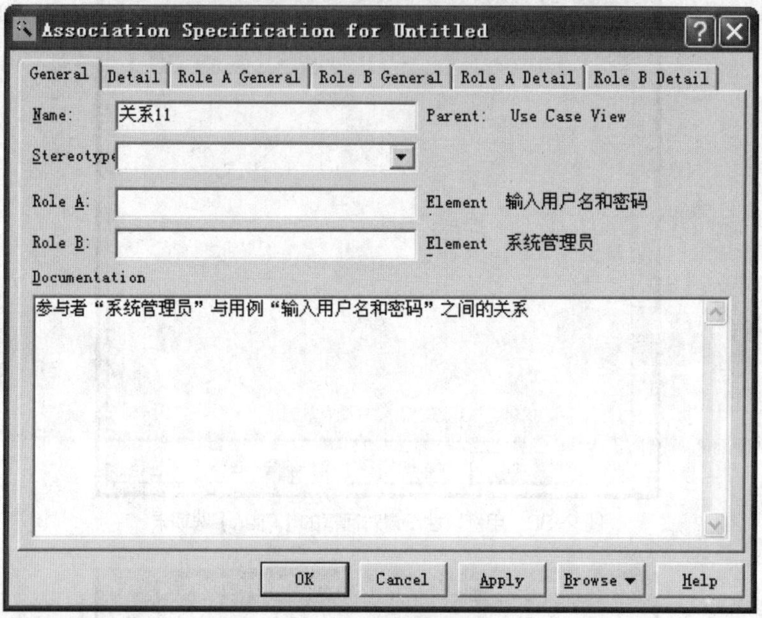

图 2-33　关系属性设置对话框

（9）保存绘制的用例图

单击菜单【File】→【Save】，或者单击工具栏中的【Save】按钮🖬保存所绘制的用例图。用例图创建完成后的【浏览窗口】如图 2-34 所示。

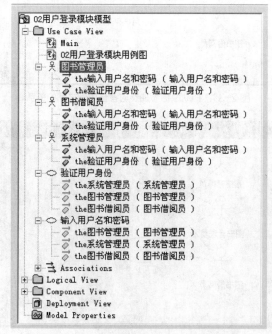

图 2-34　用例图创建完成后的【浏览窗口】

5. 描述用例

用例图描述了参与者和用例之间的关系，但是缺少系统行为细节的描述。所以通常以书面文档的形式对用例进行描述，每个用例应有一个用例描述。UML 对用例的描述并没有硬性规定，一般情况下用例描述应包括以下几个方面。

（1）用例名称

用例名称可以包含字母、数字或汉字，命名一个用例时尽量使用"动词 + 名词"的形式，以描述系统的功能，例如"验证身份""借出图书"。

（2）用例编号

使用用例编号唯一标识系统中的一个用例，例如"bookMis2022001"，这样就可以在系统的其他元素中通过用例编号引用该用例。

（3）简要说明

对用例进行简要说明，描述该用例的作用，说明应当简明扼要。

（4）参与者

包含与此用例相关的参与者列表。尽管这些信息已包含在用例本身中，但在没有用例图时，它有助于增加对该用例的理解。

（5）当前状态

指示用例的当前状态，通常为以下几种之一：正在进行中、等待审查、通过审查或未通过审查。

（6）使用频率

参与者使用此用例的频率。

（7）前置条件

前置条件描述了执行用例之前系统必须满足的条件。这些条件必须使用用例之前得到满足。前置条件在使用之前，已经由用例测试过，如果条件不满足，则用例不会被执行。例如，当学生借阅图书时，"借出图书"用例需要获取学生借书证信息，如果学生使用了一个已经被注销的借书证，那么用例就不应该更新借阅关系；另外，如果学生归还了一本已从系统中删除的图书，那么用例就不能让还书操作完成。所以"借出图书"用例的前置条件可以写成以下形式。

前置条件：借阅者出示的借书证必须是有效的借书证。

（8）后置条件

后置条件将在用例成功完成以后得到满足，它提供了系统的部分描述。即在前置条件满足后，用例做了什么？以及用例结束时，系统处于什么状态？我们并不知道用例终止后处于什么状态。因此必须确保在用例结束时，系统处于一个稳定的状态。例如，当借出图书成功后，用例应该提供该学生的所有借阅信息。所以借出图书用例的后置条件可以写成以下形式。

后置条件：借书成功，则返回该学生全部的借阅信息；借书失败，则返回失败的原因。

（9）假设条件

为了让一个用例正常地运行，系统必须满足一定的条件，没有满足这些条件之前，系统不会调用该用例。假设描述的是系统在使用用例之前必须满足的状态，这些条件并没有经过用例的检测，用例只是假设它们为真。例如，身份验证机制，后继的每一个用例将假设用户是在通过身份验证以后访问用例的。应该在一定的时候检验这些假设，或者将它们添加到操作的基本流或可选流中。

借出图书用例的假设条件为：图书借阅员已经成功登录到系统。

（10）基本操作流

基本操作流是参与者在用例中所遵循的主逻辑路径。描述操作流是将个别用例进行合适的细化说明。通过这种做法，常常可以发现自己原有的用例图遗漏了一些内容。

借出图书用例的基本操作流如下。

① 借阅员输入借书证信息。

② 系统要确保借书证的有效性。

③ 检查是否有超期未还的图书。

④ 借阅员输入要借出的图书信息。

⑤ 系统将借阅者的借出信息添加到数据表中。

⑥ 系统显示该借阅者的全部借阅信息。

（11）备选操作流

备选操作流包括用例中很少使用的逻辑路径，那些在变更工作方式、出现异常或发生错误的情况下所遵循的路径。例如，"借出图书"用例的可选操作流包括：输入的借书证信息不存在，该借书证已经被注销或有超期未还的图书等异常情况下，系统采取的应急措施。

（12）修改历史记录

修改历史记录是关于用例的修改时间、修改原因和修改人的详细信息。

"验证用户身份"用例的用例描述如表2-2所示。

表2-2　"验证用户身份"用例的描述

用例名称	验证用户身份
用例编号	bookMis2022001
简要说明	验证用户所输入的"用户名"和"密码"是否有效
参与者	图书管理员、系统管理员、图书借阅员、图书借阅者
当前状态	等待审查
使用频率	较高
前置条件	已输入有效的"用户名"和"密码"
后置条件	登录进入系统
基本操作流	到"用户信息"数据表中检索是否存在相应的"用户名"和"密码"
备选操作流	如果"用户名"或"密码"有误，显示提示信息

用例的细化描述及它们所包含的信息，不只是附属于用例图的额外信息。用例描述让用例变得更加完整。

同步训练

【任务2-4】扩充用户登录模块的参与者和用例

【任务描述】

（1）前面绘制的用户登录模块用例图没有考虑图书借阅者，图书借阅者借出图书与归还图书时，是通过图书借阅员操作系统完成的。图书借阅者本身可以通过图书管理系统查询图书借阅信息和图书馆藏书信息，在查询相关信息之前必须进行登录操作。在原有用例图的基础上增加"图书借阅者"参与者。

（2）用户登录模块的基本功能是"输入用户名和密码"和"验证用户身份"。为了保证系统安全，通常需要限制用户连续登录次数，例如用户只能连续输入三次"用户名"和"密码"，超过三次则不允许用户登录系统，这样应增加一个"检查登录次数"的用例。另外为了跟踪用户登录情况，通常需要将用户登录的时间记载在"用户登录信息"数据表中，这样应增加另一个"记录登录信息"的用例。

根据以上分析，在原有用例图的基础上扩充一个参与者和两个用例，绘制新的用例图，命名为"021 用户登录模块用例图"。

【任务 2-5】对参与者进行泛化且绘制用例图

【任务描述】

对于用户登录模块来说，四类参与者（图书管理员、系统管理员、图书借阅员和图书借阅者）扮演相同的角色，使用相同的用例。将四类参与者泛化为一个参与者，即"用户"，这样参与者"用户"描述了四类参与者所扮演的一般角色，如果不考虑与系统交互时的职责，可以使用一般角色参与者"用户"。如果强调用户的职责，那么使用特化用例。

根据以上分析，使用泛化用例绘制用例图，命名为"022 用户登录模块用例图"。

【操作提示】

在用例图中，参与者的泛化用一个三角形箭头从具体参与者指向一般参与者来表示，如图 2-35 所示。绘制泛化连线时应单击"用例图"工具栏中的【Generalization】按钮 ⬈。

用户　　　　图书管理员

图 2-35　泛化参与者的表示方法

【任务 2-6】分析用例间的包含关系且绘制用例图

【任务描述】

用户登录系统时，首先必须输入用户名和密码，在输入用户名和密码的过程中应限制用户名和密码不能为空，同时要限制用户不能输入非法字符，还要限制输入字符的数量。为此可以从"输入用户名和密码"用例中将"检验是否为空""检验非法字符""检验长度"3 个用例提取出来，形成 3 个新用例。这 3 个新用例与用例"输入用户名和密码"为包含关系。根据以上分析，考虑用例间的包含关系且绘制用例图。

【操作提示】

在用例图中，包含关系表示为带箭头的虚线加上 <<include>> 字样，箭头指向被包含用例，如图 2-36 所示。

绘制用例之间包含关系连线时应单击"用例图"工具栏中的 ↗ 按钮。用例和连线绘制完成后，双击表示包含关系的连线，打开图2-37所示的【Dependency Specification for Untitled】对话框，在该对话框的"Stereotype"列表框中选择"include"选项，然后单击【OK】按钮。在用例图中调整 <<include>> 字样到合适的位置即可。

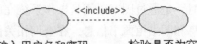

图2-36　用例之间包含关系的表示方法

图2-37　在【Dependency Specification for Untitled】对话框中设置包含关系

【任务2-7】分析用例间的扩展关系且绘制用例图

【任务描述】

图书管理系统的四类用例具有不同的权限。其中"图书借阅者"具有最低权限；"系统管理员"具有最高权限；"图书借阅员"的权限只能是借出图书、归还图书、执行罚款操作、查询有关信息，而不能添加或修改书目信息，不能修改或删除罚款数据，所有的"图书借阅员"的权限都相同；"图书管理员"的主要职责是管理书目信息、订购图书、统计藏书数量、管理罚款等，根据其职责分工不同，不同的"图书管理员"可能有不同的权限等级。为此"用户登录模块"需要增加一个新的用例"设置权限等级"，该用例与"验证用户身份"用例具有扩展关系。"系统管理员"具有设置"图书管理员"权限等级的权限。

根据以上分析，考虑用例间的扩展关系且绘制用例图。

【操作提示】

在用例图中，扩展关系表示为带箭头的虚线加 <<ex-tend>> 字样，箭头指向基础用例，如图2-38所示。

绘制用例之间扩展关系连线时应单击"用例图"工具栏中的 ↗ 按钮。用例和连线绘制完成后，双击表示扩展关

图2-38　用例之间扩展关系的表示方法

系的连线，打开图 2-39 所示【Dependency Specification for Untitled】对话框，在该对话框的 "Stereotype" 列表框中选择 "extend" 选项，然后单击【OK】按钮。在用例图中调整 << extend >> 字样到合适的位置即可。

图 2-39　在【Dependency Specification for Untitled】对话框中设置扩展关系

单元小结

　　用例图主要在系统需求分析阶段和系统设计阶段使用。在系统的需求分析阶段，用例图用来获取系统的需求，理解系统应当如何工作；在系统设计阶段，用例图可以用来规定系统要实现的行为。用例图用于对系统、子系统或类的行为进行建模，它只说明系统实现什么功能，而不必说明如何实现这些功能。每个用例图由三部分组成，即一组参与者、用例和关系。用例图描述系统的静态结构，图形化地概括了系统中拥有的各个参与者和用例，它主要描述系统的外部行为，以及系统中用例与参与者之间的交互。

　　本单元主要介绍了 UML 用例图的功能、组成元素和用例间的关系，重点介绍了 Rational Rose 中用例图的绘制方法和用例的描述方法。

单元习题

　　（1）在软件开发的生命周期中，用例图主要在（　　）阶段和（　　）阶段使用。

　　（2）一个用例图都应包含三个基本内容，分别是（　　）、（　　）和关系。

　　（3）在用例图中，使用（　　）关系来描述多个参与者之间的公共行为。特殊化的参与者继承了超类的行为，然后在某些方面扩展了此行为。参与者之间的泛化关系用（　　）表示，指向扮演一般角色的（　　）。

　　（4）用例除了与其参与者发生关联外，还可以具有系统中的多个关系，这些关系包括（　　）（　　）和（　　）。

　　（5）关联关系描述（　　）与（　　）之间的关系，在 UML 中，关联关系使用（　　）表示。

（6）一个用例可以简单地包含其他用例具有的行为，并把它所包含的用例行为作为自身行为的一部分，这种关系被称为（　　）。在这种情况下，新用例不是初始用例的一个特殊例子，并且不能被初始用例所代替。在 UML 中，这种关系表示为带箭头的虚线加（　　）字样，箭头指向（　　）。

（7）一个用例被定义为基础用例的增量扩展，这称作（　　），在 UML 中，这种关系表示为带箭头的虚线加（　　）字样，箭头指向（　　）。

（8）如果系统中一个或多个用例是某个一般用例的特殊化时，就需要使用用例的（　　）关系。

（9）Rational Rose 的用例图中，参与者的图标是（　　），用例的图标是（　　）。

（10）在用例图的绘制区域，右键单击用例，在弹出的快捷菜单中单击菜单项（　　）可以打开用例的属性设置对话框。该对话框中的（　　）选项卡中设置用例的名称，如果需要输入对用例的说明信息则在（　　）文本框中输入。

（11）简述用例图的主要功能。

（12）简述用例图中用例之间的关系主要有哪几种。

（13）如何识别参与者和用例？

（14）简述在 Rational Rose 中绘制用例图的基本步骤。

单元3
用户管理模块建模

03

使用面向对象的思想描述系统，能够把复杂的系统简单化、直观化，这有利于面向对象的程序设计语言实现系统，更有利于日后维护系统。构成面向对象模型的基本元素有类、对象和类与类之间的关系等。本单元讨论的类图是逻辑视图的重要组成部分，用于对系统的静态结构建模，涉及到具体的实现细节，它定义系统中的类（属性和操作），描述系统中类之间的关系。类图在系统的整个生命周期中都是有效的，它是软件系统开发小组良好的设计工具，有助于开发人员在用具体的编程语言实现系统之前显示和规划系统结构，保证系统设计和开发的一致性。本单元重点分析类图的创建，在系统分析阶段，类图主要用于显示角色和识别实体；在系统设计阶段，类图主要用于捕捉组成系统体系结构的类结构；在系统编码阶段，根据类图中的类以及它们之间的关系实现系统的功能。

▷ 教学导航

教学目标	（1）熟悉 UML 类图的功能和组成元素 （2）理解类之间的关系 （3）学会构思类图 （4）学会在 Rational Rose 中绘制类图 （5）理解对象图的功能与描述方法
教学重点	（1）在 Rational Rose 中绘制类图 （2）类之间的关系
教学方法	任务驱动教学法、分组讨论法、自主学习法、探究式训练法
课时建议	6 课时

【任务 3-1】绘制用户管理模块的用例图

【任务描述】

（1）创建一个 Rose 模型，将其命名为"03 用户管理模块模型"，且保存在本单元对应的文件夹中。

（2）分析用户管理模块的功能需求、参与者和用例，使用 Rational Rose 绘制用户管理模块的用例图。

【操作提示】

（1）启动 Rational Rose。

如果 Rational Rose 已启动，可以单击菜单【File】→【New】，或者单击"标准"工具栏中的【New】按钮 🗋，创建一个新的 Rose 模型。

（2）保存 Rose 模型。

单击菜单【File】→【Save】，或者单击工具栏中的【Save】按钮 💾。如果是创建模型之后的第一次保存操作，则会弹出一个【Save As】对话框，在该对话框选择模型文件的保存位置，且输入模型文件名称"03 用户管理模块模型"，然后单击【保存】按钮即可。

（3）用户管理模块的主要功能有管理用户、管理用户密码、管理用户权限和浏览用户信息，其中管理用户又包括添加新用户、修改现有用户信息和删除现有用户。

（4）系统管理员的主要职责是管理用户、修改所有用户的密码、管理用户的权限，还可以浏览所有用户的信息。对于其他类型的用户，则只能修改自己的密码。

供参考的用户管理模块用例图如图 3-1 所示。

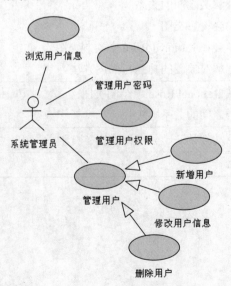

图 3-1　供参考的用户管理模块用例图

![引例探析]

现实世界中的任何事件都可以称为对象，对象是构成世界的一个独立单位，例如能运送人或货物的"运输工具"有飞机、轮船、火车、卡车、轿车等，这些都是对象。把众多的事物归纳、划分成一些类是人类在认识客观世界经常采用的思维方法。把具有共同性质的事物划分为一类，得出一个抽象的概念。例如汽车、车辆、运输工具等都是一些抽象概念，它们是一些具有共同特征的事件的集合，被称为类。类的概念使我们对属于该类的全部个体事件进行统一的描述。例如，"运输工具能运送人或货物"。事物（对象）既具有共同性，也具有特殊性。运用抽象的原则，舍弃对象的特殊性，抽取其共同性，则得到一个适应一批对象的类。如图 3-2 所示，将各类交通工具进行抽象可以得到多个类，例如汽车类、车辆类、飞机类、轮船类、运输工具类等。从"车辆"这个类出发，它本身忽略了其对象体实例是在马路上行驶的还是在铁轨上行驶的。如果注意到不同实例的这些不同特征，就可得到"汽车"和"火车"这两个特殊类。车辆、飞机和轮船的差别，在于它们分别是在陆地、天空和水上行驶的，而它们的共同性是它们都能运输。如果忽略它们的这些差别，只注意它们的共同特征，就可得到"运输工具"这个一般类。一般类和特殊类是相对而言的，例如，车辆是汽车的一般类，汽车是车辆的特殊类。

整体－部分结构描述了对象之间的组成关系，即一些对象是另一些对象的组成部分。如图 3-3 所示，发动机和车身是卡车的组成部分，气缸是发动机的组成部分。整体对象与部分对象之间关系称为聚合关系。

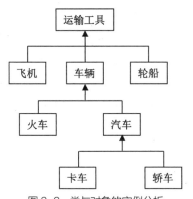

图 3-2　类与对象的实例分析

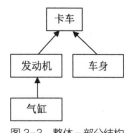

图 3-3　整体－部分结构

一辆汽车，它具有自己的静态特征和动态特征。静态特征即可以用某种数据来描述的特征，例如汽车的型号、载重量、颜色、耗油量等；动态特征即对象所表现的行为或对象所具有的功能，例如汽车的启动、加速、换档、转弯、倒车、刹车、停车、运输、注册、年检等。使用 UML 中的类图表示汽车，如图 3-4 所示。

但是，人们在开发一个系统时，通常只是在一定范围内考虑和认识与系统目标有关的事物，并且用系统中的对象来抽象地表示它们。所以面向对象方法在提到"对象"这个术语时，既可能泛指现实世界中的某些事物，也可能专指它们在系统中的抽象表示，即系统中的对象。

图 3-4　汽车类的类图

【试一试】

普通的电话机由送话器、受话器，以及发送、接收信号的部件等组成。试着绘制电话机的整体 – 部分结构图和类图。

知识疏理

类图（Class Diagram）由类和类间关系组成，在程序设计的不同阶段，类图的作用也不相同。在分析阶段，类图主要用于一些概念类的描述；在设计阶段，类图主要用于描述类的外部特性；在实现阶段，类图主要用于描述类的内部实现。

1. 类图的功能

类图显示了模型的静态结构，特别是模型中存在的类、类的内部结构以及它们与其他类的关系等。类图不显示暂时性信息。类图由许多说明性的（静态的）模型元素（例如类、包和它们之间关系）组成。类图可以组织在（并且属于）包中，仅显示特定包中的相关内容。它是最常用的 UML 图，显示出类、接口以及它们之间的静态结构和关系；它用于描述系统的结构化设计。类图最基本的元素是类和接口。类图是构建其他图的基础，没有类图就没有状态图、通信图等其他图，也就无法表示系统的其他各个方面。

2. 类图的组成元素

类图包含以下元素：类、包、接口。同其他的图一样，类图也可以包含注解和限制。类图中也可以包含包和子系统，这两者用来将元素分组。有时候也可以将类的实例放到类图中。

（1）类（Class）。类是一组具有相同属性，相同行为，和其他对象有相同关系、有相同表现的对象描述，类是对象的抽象，对象是类的实例。类一般包含 3 个组成部分。第一个是类名；第二个是属性（Attributes）；第三个是该类提供的操作。类名部分是不能省略的，其他组成部分可以省略。

（2）包（Package）。包是一种常规用途的组合机制，每个包的名称对这个包进行了唯一性的标识。

（3）接口（Interface）。接口是一组可重用的操作，它描述了类的部分行为，每个接口只是提供了实际类行为的有限部分。接口没有方法实现和属性定义，并且所有操作都是公共可见的，否则，就不能引用接口。

3. 对象图及其功能

对象图（Object Diagram）显示了一组对象和它们之间的关系。对象图用来说明数据结构，它是类图中的类或组件等实例的静态快照。对象图和类图一样反映系统的静态过程，但它是从实际的或原型化的情景来表达的。

对象图显示某时刻的对象和对象之间的关系，具体反映了系统执行到某处时系统对象的状态、对象之间的关系状态。一个对象图可看成一个类图的特殊用例，实例和类可以显示在其中。

对象图是类图的实例，对象图显示类的多个对象实例，而不是实际的类。由于对象存在生命周期，因此对象图只能存在于系统的某一时间段。

46

UML软件建模任务驱动教程（第3版）

1. UML 模型中如何描述类图

类用长方形表示，长方形分为上、中、下三个区域，每个区域用不同的名字标识，上面的区域内标识类的名称，中间区域内标识类的属性，下面的区域内标识类的操作方法，如图 3-5 所示。

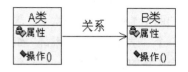

图 3-5 类图示意

类的名称是每个类所必有的构成，用于和其他类相区分。类的属性描述了类的特性，这些特性是所有对象所共有的，类可以有任意数目的属性，也可以没有属性。类的操作是对类的对象所能做的事务的抽象，一个类可以有任何数量的操作或者没有操作。

2. UML 模型中的类之间有哪些关系，分别如何进行描述

类之间常见的关系有：关联关系、泛化关系、依赖关系、聚合关系、组合关系和实现关系。其中，聚合关系、组合关系属于关联关系。

（1）关联关系

关联关系表示类与类之间的连接，它使一个类知道另一个类的属性和方法。关联表示两个类之间存在某种语义上的联系，如图 3-6 所示。例如，在图 3-7 所示的"学生"要借阅"图书"，就认为"学生"和"图书"之间存在某种语义上的联系。在类图模型中，则在对应"学生"和"图书"类之间建立关联关系。

图 3-6 类的关联关系示意

图 3-7 类的关联关系示例

根据关联的不同含义，关联关系主要包括普通关联、聚合关系和组合关系等。

① 普通关系。

普通关联是最常见的一种关联。只要类与类之间存在连接关系就可用普通关联表示，一个关联至少有两个关联端，每个关联端连接到一个类。

关联可以是单向的，也可以是双向的。关联具有方向性，用箭头表示关联的方向，对于需要明确标识方向的关联，可以使用"实线 + 箭头"表示，箭头指向被使用的类。如果关联中不明确指明方向，则默认关联是双向的，双向的关联则不必标出方向箭头。图 3-7 所示的学生借阅图书，这是一种单向关联；驾驶员驾驶汽车，而汽车上搭乘多位乘客，这是一种双向关联。

关联还具有多重性（Multiplicity），表示可以有多少个对象参与该关联，例如一个"教师"可以使用 1 或多台"计算机"。多重性表示参与对象的上下界限制。"*"代表 0 ~ ∞，"1"是 1..1 的简写，可以用一个单个数字表示，也可以用范围或者是数字和范围不连续的组合表示。如果图中没有明确标明关联的多重性，则默认为 1。

② 聚合关系。

聚合关系是关联关系的一种特例，是一种强关联关系。聚合关系是整体和部分的关系。也就

是说，一个整体类可以由多个部分类组成，部分类和整体类之间存在的这种关联关系称为聚合。例如，一辆轿车类包括 4 个车轮、1 台发动机、2 至 4 个车门等。因此，车轮类、发动机类、车门类与轿车类之间存在聚合关系，如图 3-8 所示。

聚合体现了一种层次结构，整体类位于部分类的上层，多个部分类处于同一层次。关联关系的两个类处于同一层次上，聚合关系两个类处于不同的层次，一个是整体，另一个是部分。例如一个"学校"是由"系部"组成的，类"学校"是整体，类"系部"是部分，如图 3-9 所示。聚合关系的表示方法为：空心菱形＋实线，空心菱形指向的是整体。

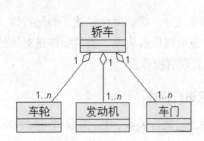

图 3-8　轿车类与部件类的聚合关系示例　　　　图 3-9　学校类与系部类的聚合关系示例

③ 组合关系。

组合关系是聚合关系的一种特殊情况，是比聚合关系还要强的关系，也称为强聚合关系。它要求普通的关系中代表整体的对象负责代表部分的对象的生命周期。组合关系不能共享。组合中整体拥有各部分，部分与整体共存，如整体不存在了，部分也会随之消失。图 3-10 所示的"菜单"与"按钮"不能脱离"窗口"而独立存在，类"窗口"如果不存在了，则类"菜单"和"按钮"也会随之消失，它们之间存在组合关系。组合关系的表示方法为：实心菱形＋实线，其中实心菱形指向整体。

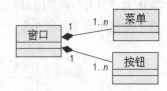

图 3-10　类的组合关系示意

> **提示**
>
> 绘制类图时，Rational Rose 的类图编辑工具栏中并没有提供"组合关系"的图标，可以通过以下步骤在 Rose 中绘制组合关系图标。
>
> 首先单击选择类图编辑工具栏中【Aggregation】按钮，然后在类之间绘制一个聚合关系（即空心菱形）。然后双击该聚合关系，打开【Aggregation Specification for…】对话框，选择【Role B Detail】选项卡，在"Containment of"区域单击选择【By Value】单选按钮，接着单击【OK】，返回类图绘制区域，就可以发现空心菱形就变成了实心菱形，如图 3-10 所示。

（2）泛化关系

面向对象思想的一个重要概念就是继承，继承是在现有类的基础上定义和实现一个新类的技术，刻画了类的一般性和特殊性。被继承的类称为父类或超类，继承的类称为子类。子类继承父类的属性和操作，还具有自己的属性和操作。

泛化是现实世界中一般性实体和特殊性实体之间的关系。一般性实体是特殊性实体的泛化，特殊性实体是一般性实体的特化。一般性实体称为父类或超类，特殊性实体系为子类。

UML 中，泛化关系也称为继承关系，表示为类与类之间的继承关系，接口与接口之间的继承。

泛化关系的表示方法为：空心三角形箭头＋实线，箭头指向父类，如图 3-11 所示。在图 3-11 中，如果父类是接口，则表示为空心三角形箭头＋虚线。

如图 3-12 所示，图书管理系统中，教师、学生和图书管理员都属于借阅者的一种，可以将教师、学生和图书管理员看作是借阅者的子类。

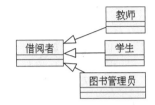

图 3-11　类之间的泛化关系示意　　　　图 3-12　类的泛化关系示例

（3）依赖关系

依赖关系表示一个类依赖于另一个类的定义，一个类的变化必然影响另一个类。例如，一个类操作调用另一个类的操作，或者一个类是另一个类的数据成员，或者一个类是另一个类的某个操作参数，就可以说这两个类之间具有依赖关系。也就是说，客户以某种方式依赖于提供者，如图 3-13 所示。依赖关系的表示方法为：带箭头的虚线，箭头指向被依赖的类，即可提供者。图 3-14 所示，类"借阅对话框"与类"借阅者"之间存在着依赖关系。

图 3-13　类之间的依赖关系示意　　　　图 3-14　类之间依赖关系的示例

说明　　从语义上理解，关联、泛化和实现都是依赖关系，但因为它们有更特别的语义，所以在 UML 中被分离出来作为独立的关系。

（4）实现关系

类和接口之间的关系是实现，表示类实现接口提供的操作，不继承结构而只继承行为。接口是能够让用户重用系统一组操作集的 UML 组件。一个接口可以被多个类或组件实现，一个类或组件也可以有多个接口。实现关系通常在两种情况下使用：在接口与实现该接口的类之间、在用例以及实现该用例的协作之间。在 UML 中，实现关系的图标与泛化关系的图标类似，用一条带空心三角形箭头的虚线表示，且指向接口，如图 3-15 所示。实现关系还有一种省略的表示方法，将接口表示为一个小圆圈，并和实现接口的类用一条实线连接，如图 3-16 所示。

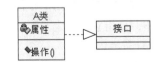

图 3-15　类与接口之间的实现关系　　　　图 3-16　类与接口之间实现关系的省略表示

3. UML 模型中如何描述对象图

对象图使用的标识与类图基本一致，对象图中的对象名下加下画线，如图 3-17 所示。在图 3-18 中，对象 A 是"学校"类的一个实例，对象 B1、B2 是类"系部"的实例。

对于对象图，不需要提供单独的形式。类图中就包含了对象，所以只有对象而没有类的类图就是一个"对象图"。

在 UML 建模时，对象图主要在顺序图和通信图使用，在 Rational Rose 中绘制顺序图和通信图时，对应的工具栏中有【Object】按钮。

图 3-17 对象图示意　　　　　　图 3-18 "学校－系部"的对象图

引导训练

【任务 3-2】绘制用户管理模块的类图

【任务描述】

（1）识别用户管理模块的类以及各个类的属性和操作。

（2）绘制用户管理模块的类图。

【任务实施】

1. 识别用户管理模块的类

在所有面向对象程序设计方法中，最重要的概念就是类。类是各种面向对象方法的基础，也是面向对象方法的目标。面向对象方法的最终目的是识别出所有必须的类，并分析这些类之间的关系，从而通过编程语言来实现这些类，并最终实现整个系统。

类是具有相同属性和操作的一组对象的集合，它为属于该类的全部对象提供了统一的抽象描述，它由一个类名、一组属性和一组操作构成。

在面向对象的编程语言中，类是一个独立的程序单位，它应该有一个类名以及对其所有的属性和操作的定义。类的作用是创建对象。例如，程序中给出一个类的定义，然后以静态声明或动态创建的方法定义它的对象实例。

一个类为它的全部对象给出了一个统一的定义，而它的每个对象则是符合这种定义的一个实体。所以，一个对象又称为类的一个实例。在程序中，每个对象需要有自己的存储空间，以保存它们自己的属性值。我们说同类对象具有相同的属性与操作，是指它们的定义形式相同，而不是说每个对象的属性值都相同。

用户管理模块的主要功能是管理用户和管理用户权限，管理用户又包括浏览用户信息、添加新用户、修改现有用户信息、删除现有用户、修改用户密码等。其中浏览、添加、修改、删除用户通过"用户管理界面"实现，修改用户密码通过"修改登录密码界面"实现，管理用户权限通过"用户权限管理"界面实现。管理用户时需要对后台"用户信息"数据表中的数据进行添加、修改和删除等操作，所以需要对"数据库操作类"进一步完善，增加新的操作方法。

根据以上分析可以确定用户管理模块的类主要有"用户类""用户权限类"和"数据库操作类"，修改密码通过"用户类"的方法实现。"用户界面类"主要有"用户管理界面类""密码修改界面类"和"用户权限管理界面类"。

经分析，"用户类"的主要属性有用户 ID、用户名、密码、用户类型、启用日期、是否停用等，主要方法有 getUserInfo()（用于获取用户信息）、getUserType()（用于获取用户类型）、getUserPermission()（用于获取用户权限）、userAdd()（用于新增用户）、userInfoEdit()（用于修改用户信息）、userDelete()（用于删除现有用户）、userPasswordEdit()（用于修改用户密码）、userPermissionAdd()（用于添加用户权限）、userPermissionDelete()（用于删除用户权限）。

经分析，"用户管理界面类"的主要方法有 createWindow()（用于创建窗体对象）、listUserInfo()（用于在用户界面显示用户信息）、addUser()（用于增加用户）、editUserInfo()（用于修改用户信息）、deleteUser()（用于删除用户）。

经分析，"数据库操作类"的主要属性有 conn（创建的数据库连接对象），主要方法有 openConn()（用于建立数据库连接，且打开该连接）、closeConn()（用于关闭数据库连接）、getData()（用于从数据表中获取数据）、updateData()（用于更新数据表中的数据）、insertData()（用于向数据表插入新记录）、editData()（用于修改数据表中的数据）、deleteData()（用于删除数据表中的记录）。

2. 建立类图

在 Rational Rose 的【模型浏览】窗口 "Logical View" 节点对应的行单击右键，在弹出的快捷菜单中选择【New】选项，然后单击下一级菜单项【Class Diagram】，如图 3-19 所示。

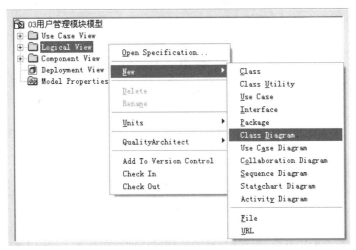

图 3-19　新建类图的快捷菜单

此时，在 Rational Rose【模型浏览】窗口的 "Logical View" 节点下添加了一个名称为 "NewDiagram" 的项，直接输入新的名称 "用户管理模块类图"。

 提示 如果需要修改类图的名称，先选择该类图的名称，然后单击右键，在弹出的快捷菜单中单击【Rename】菜单项，再输入新的名称即可。

双击【模型浏览】窗口中的 "Logical View" 节点中的项 "用户管理模块类图"，显示类图【编辑】窗口和编辑工具栏。

3. 创建类

单击工具栏中的类图标 ，然后在类图【编辑】窗口中要绘制类的
位置单击鼠标左键，就可以在该类图中绘制出一个类，默认的类名称为
"NewClass"，如图 3-20 所示。直接输入新的类名称"用户类"。由于用例
图中参与者命名为"用户"，所以这里的类名称命名为"用户类"，与参与
者名称相区别。

图 3-20 绘制一个类

提示 要更改类名称,也可以在类图【编辑】窗口中类图标处单击右键,在弹出的快捷菜单中,
单击菜单项【Open Specification】，弹出【Class Specification】对话框，在该对话框
中可以更改类的名称、类型等方面的属性。

4. 添加和修改类的属性

（1）使用快捷菜单添加类的属性

在类图【编辑】窗口选择类的图标，然后单击右键，在弹出的快捷菜单中单击菜单项【New
Attribute】，如图 3-21 所示。此时一个新的属性就被添加了，如图 3-22 所示。将属性的默认名称
修改为"用户编号"，如图 3-23 所示。

图 3-21 添加类属性的快捷菜单

类的属性名称左侧的图标 表示该属性的作用域特性。在类图【编辑】窗口单击选择类，然
后单击属性名称左侧的图标，则会显示属性作用域图标列表，如图 3-24 所示，图标从上至下依
次为"Public""Protected""Private""Implementation"。在该列表中单击另一个图标可以更新该
属性的作用域特性。

图 3-22 添加属性后的类

图 3-23 修改属性的名称

图 3-24 属性的作用域图标列表

UML软件建模任务驱动教程（第3版）

（2）修改类属性

在类图【编辑】窗口中，右键单击已创建的类，在弹出的快捷菜单中单击菜单项【Open Specification】，如图 3-25 所示，打开【Class Specification for 用户类】对话框。

在该对话框中单击【Attributes】选项卡，在该选项卡显示该类的已有属性"用户编号"，如图 3-26 所示。

图 3-25　打开【Class Specification for 用户类】
对话框的快捷菜单

图 3-26　【Class Specification for 用户类】
对话框的【Attributes】选项卡

在"用户编号"属性的"Type"位置单击，出现一个框，再一次单击该框会出现一个列表框，在该列表框中单击选择类型"String"，如图 3-27 所示。这样就设置了"用户编号"属性的类型为"String"，如图 3-28 所示。然后单击【OK】按钮即可。

图 3-27　在类型列表框中选择类属性的类型

图 3-28　一个类属性定义完成

提示：在"用户编号"属性的"Type"位置双击则会显示【Class Attribute Specification for 用户编号】对话框，在该对话框中也可以设置"用户编号"属性的类型，如图 3-29 所示。

图 3-29　另一种设置类属性类型的方式

（3）利用对话框添加类的其他属性

打开【Class Specification for 用户类】对话框，切换到【Attributes】选项卡。在属性列表区域单击鼠标右键，然后单击菜单项【Insert】，如图 3-30 所示，则可以插入新的属性。

新插入的第二个类属性如图 3-31 所示。选择类的第二个属性，然后单击鼠标右键，在弹出的快捷菜单中单击菜单项【Specification】，打开【Class Attribute Specification for 用户名】对话框，如图 3-32 所示，在该对话框，可以对类属性的名称（Name）、类型（Type）、作用域（Export Control）、初始值（Initial）等进行设置。

图 3-30　利用快捷菜单命令添加类的属性

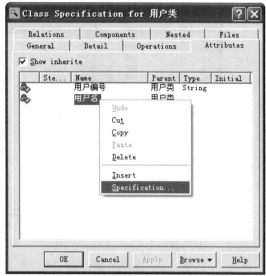

图 3-31　类属性的快捷菜单

图 3-32　【Class Attribute Specification for 用户名】对话框

在【Class Specification for 用户类】对话框的【Attributes】选项卡中依次添加属性：密码、用户类型、启用日期和是否停用，结果如图 3-33 所示。

提示

　　如果要删除类的属性，可以用鼠标右键单击属性，在弹出的图 3-34 所示的快捷菜单中单击菜单项【Delete】即可。利用该快捷菜单还可以实现复制、剪切、粘贴等操作。

图 3-33　在【Class Specification for 用户类】
对话框的【Attributes】选项卡中添加多个属性

图 3-34　属性操作的快捷菜单

5.　添加和修改类的方法

类的方法是该类所能进行的操作，在设计阶段，也需要设计类的方法。

（1）利用快捷菜单添加类的方法

添加类的方法与添加类的属性类似。在类图【编辑】窗口用鼠标右键单击类，在弹出的快捷菜单中单击菜单项【New Operation】，则可以添加类的一个方法，如图 3-35 所示，将方法的名称修改为"getUserInfo()"即可。

（2）利用对话框添加类的其他方法

打开【Class Specification for 用户类】对话框，然后单击选项卡【Operations】，在该选项卡显示该类的已有方法。在方法列表区域单击鼠标右键，然后单击菜单项【Insert】，则可以插入新的方法。以同样的方法添加类的其他方法，结果如图 3-36 所示。

图 3-35　添加类的方法示意

图 3-36　在【Class Specification for 用户类】对话框中添加类方法

以同样的方法,在类图【编辑】窗口添加"用户管理界面类""数据库操作类",结果如图 3-37 所示。

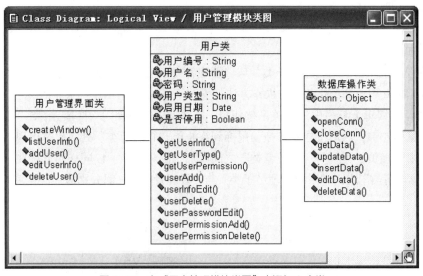

图 3-37 在"用户管理模块类图"中添加 3 个类

6. 添加类之间的关系

（1）添加类之间的关联关系

图 3-38 所示的"图书类型类"与"书目类"为一对多的关联关系,每一种图书类型可能对应有多个书目,也可能有的图书类型没有相应的图书。

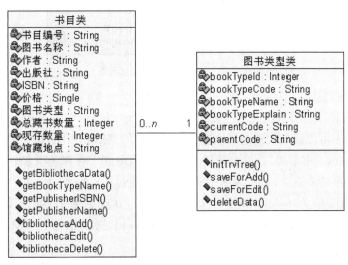

图 3-38 "图书类型类"与"书目类"之间的关联关系

Rational Rose 中添加关联关系的操作方法如下。

单击选择类编辑工具栏中【关联关系】按钮 ,在类图的【编辑】窗口起始类"图书类型类"处按下鼠标左键,然后按住左键拖动鼠标到终止类"书目类"处,此时出现一条虚线,松手后在"图书类型类"与"书目类"之间添加了关联关系。

图 3-37 中,"用户类"与"用户管理界面类"之间、"用户类"与"数据库操作类"之间都已添加了关联关系。

（2）添加类之间的泛化关系

图书管理系统中"图书管理员子类"与"管理者类"之间的关系为泛化关系，即继承关系。Rational Rose 中添加泛化关系的操作方法如下。

单击选择类编辑工具栏中泛化关系按钮 ┘，在类图的【编辑】窗口起始类"图书管理员子类"处按下鼠标左键，然后按住左键拖动鼠标到终止类"管理者类"处，此时出现一条虚线，松手后在"图书管理员子类"与"管理者类"之间添加了泛化关系。以同样的方法在"图书借阅员子类"与"管理者类"之间,"系统管理员子类"与"管理者类"之间分别添加泛化关系，如图 3-39 所示。

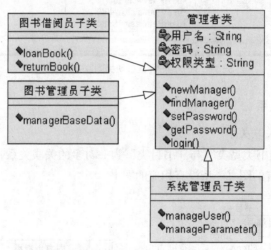

图 3-39   多个类之间的泛化关系

（3）设置关系的属性

在类图的【编辑】窗口双击关系连接线，打开【Association Specification for 关系名称】对话框，在该对话框中可以设置关系的属性。该对话框中的"Role A Detail"表示"图书类型类","Role B Detail"表示"书目类"。单击选项卡【Role B Detail】,在该选项卡中可以在"Multiplic"下拉列表框设置关系的多重性，该列表框中的列表项主要包括"0（恰为 0）""0..1（0 或 1）""0..n（0 或更多）""1（恰为 1）""1..n（1 或更多）""n（0 或更多）"等选项。【Role A Detail】选项卡中的"Multiplic"列表选择"1",【Role B Detail】选项卡中的"Multiplic"列表选择"0..n"。

单击选中复选框【Navigable】，则可以取消关联关系的箭头。

7. 保存绘制的类图

单击菜单【File】→【Save】，或者单击工具栏中的【Save】按钮 🖫 保存所绘制的类图。

【任务 3-3】绘制"用户权限类"的类图

【任务描述】

设计图书管理系统用户管理模块的"用户权限类"，且使用 Rational Rose 绘制"用户权限类"的类图。

【操作提示】

（1）"用户权限类"的主要属性有用户权限编号、用户类型名称、用户权限选项等。

（2）"用户权限类"的主要方法有获取对应用户的权限、删除用户权限、新增用户权限等。

【任务 3-4】绘制"密码修改界面类"的类图

【任务描述】

设计图书管理系统用户管理模块的"密码修改界面类"，且使用 Rational Rose 绘制"密码修改界面类"的类图。

【操作提示】

"密码修改界面类"的主要方法有创建窗体对象，验证原密码是否正确，修改指定用户的密码，验证两次输入的新密码是否相同。

【任务 3-5】浏览用户管理模块的部分顺序图

【任务描述】

在 Rational Rose 的逻辑视图中显示"浏览用户信息"和"新增用户"的顺序图，观察浏览用户信息和新增用户所涉及的类，使用了类的哪些方法。

【操作提示】

"浏览用户信息"顺序图如图 3-40 所示。

"新增用户"顺序图如图 3-41 所示。

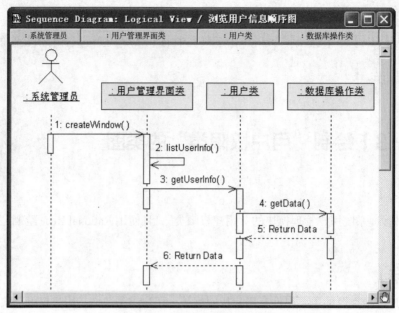

图 3-40 "浏览用户信息"顺序图

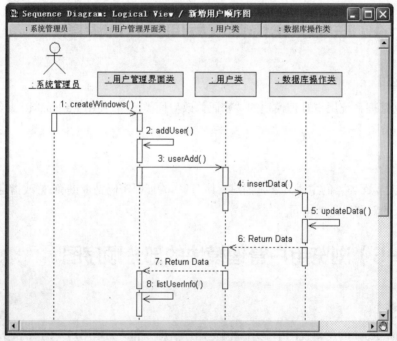

图 3-41 "新增用户"顺序图

【任务 3-6】浏览用户管理的活动图

【任务描述】

在 Rational Rose 的逻辑视图中显示"用户管理"的活动图，观察"用户管理"的操作过程。

【操作提示】

"用户管理"的活动图如图 3-42 所示。

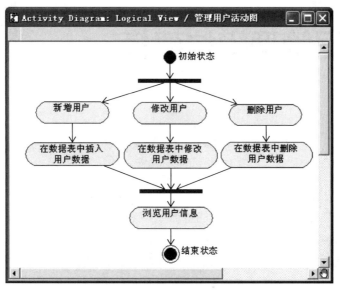

图 3-42 用户管理的活动图

单元小结

　　类图在系统的整个生命周期中都是有效的,在系统分析阶段,类图主要用于显示角色和识别实体;在系统设计阶段,类图主要用于捕捉组成系统体系结构的类结构;在系统编码阶段,根据类图中的类以及它们之间的关系实现系统的功能。类图用于对系统的静态结构进行建模,它定义系统中的类,描述系统类之间的关系。

　　本单元主要介绍了 UML 类图的功能、组成元素、描述方法和类之间的关系,重点介绍了 Rational Rose 中绘制类图的方法,还介绍了对象图的功能和描述方法。

单元习题

（1）在 Rose 的类图中,类图标由三部分组成:类名、（　　　　）和（　　　　）。

（2）两个类之间的关系一般包括（　　　）关系、（　　　）关系、（　　　）关系和实现关系。

（3）以下类图表示公司类与部门类之间的关系为（　　　）关系,"1" 与 "1..n" 的含义是（　　　）。

公司	1	1..n	部门

（4）计算机由 CPU、内存、硬盘、显示器等组成,那么计算机类和其他类之间的关系是（　　　）。

（5）在 UML 的类图中,（　　　）关系用一条从子类指向父类的空心三角形箭头表示。

（6）简述类图由哪些元素组成。

（7）简述类之间有哪些关系。

（8）简述 Rational Rose 中创建类图的基本步骤。

单元4
基础数据管理模块建模

04

图书管理系统的基础数据主要包括出版社、部门、藏书地点、图书类型、借阅者类型等，这些数据是图书管理系统业务功能正常实现的基础，一般为静态数据，在一段时间内固定不变。本单元主要对出版社管理和部门管理等基础数据管理模块建模。

交互图用于对系统进行动态建模，交互图分为顺序图和通信图，两种图在语义上是等价的。顺序图强调消息发送的时间顺序，通信图则强调接收和发送消息的对象的组织结构。Rose支持顺序图和通信图之间的相互转换，本单元主要介绍顺序图的绘制，通信图的绘制将在单元6予以介绍。

教学导航

教学目标	（1）熟悉 UML 顺序图的功能和组成元素 （2）理解顺序图的绘制方法 （3）学会构思顺序图 （4）学会在 Rational Rose 中绘制顺序图
教学重点	（1）UML 顺序图的功能和组成元素 （2）在 Rational Rose 中绘制顺序图
教学方法	任务驱动教学法、分组讨论法、自主学习法、探究式训练法
课时建议	6 课时

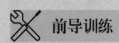

前导训练

【任务 4-1】绘制"出版社数据管理"子模块的用例图

【任务描述】

（1）创建一个 Rose 模型，将其命名为"04 基础数据管理模块模型"，且保存在本单元对应的文件夹中。

（2）分析"出版社数据管理"子模块的功能需求、参与者和用例，使用 Rational Rose 绘制"出版社数据管理"子模块的用例图。

【操作提示】

（1）启动 Rational Rose。

如果 Rational Rose 已启动，可以单击菜单【File】→【New】，或者单击"标准"工具栏中的【New】按钮 ⎕，创建一个新的 Rose 模型。

（2）保存 Rose 模型。

单击菜单【File】→【Save】，或者单击工具栏中的【Save】按钮 ▣。如果是创建模型之后的第一次保存操作，则会弹出一个【Save As】对话框，在该对话框选择模型文件的保存位置，且输入模型文件名称"04 基础数据管理模块模型"，然后单击【保存】按钮即可。

（3）"出版社数据管理"子模块的主要功能有浏览出版社信息，新增出版社、修改出版社数据和删除出版社。出版社数据管理主要由图书管理员完成。

【任务 4-2】绘制"出版社类"和"出版社数据管理界面类"的类图

【任务描述】

设计图书管理系统基础数据管理模块的"出版社类"和"出版社数据管理界面类"，且使用 Rational Rose 绘制"出版社类"和"出版社数据管理界面类"的类图。

【操作提示】

（1）"出版社类"的主要属性有出版社编号、ISBN、出版社名称、出版社地址，主要方法有获取出版社数据、更新出版社数据和删除出版社数据。

（2）"出版社数据管理界面类"的主要方法有创建窗体对象、初始化数据、显示出版社数据、新增出版社、修改出版社和删除出版社等。

引例探析

我们到银行的 ATM 机取款，主要的步骤有：读卡、输入并验证密码、确定取款金额、更新账户、出款、打开票据、退卡等，这些操作主要由用户、读卡机、ATM 屏幕、账户和出款机按一定顺序协作完成，其执行顺序示意图如图 4-1 所示。首先客户将银联卡插入读卡机，读卡机读取卡号，验证卡号有效性和类别。卡号验证通过后，ATM 机的屏幕开始初始化，且提示用户输入密码，用户输入密码后，ATM 机开始验证密码的正确性。密码验证通过后，屏幕提示选择取款操作，且等待客户进行选择，客户选择取款操作，且输入取款金额。取款操作提交后，ATM 机开始验证客户账户中的金额是否足够（这里暂不考虑允许透支的情况），如果金额足够，则更新客户账户，且通过出款机出款。出款完成后，通知打印票据，出款机开始打印票据。票据打印完毕，客户选择退卡操作，则退卡，完成取款操作。

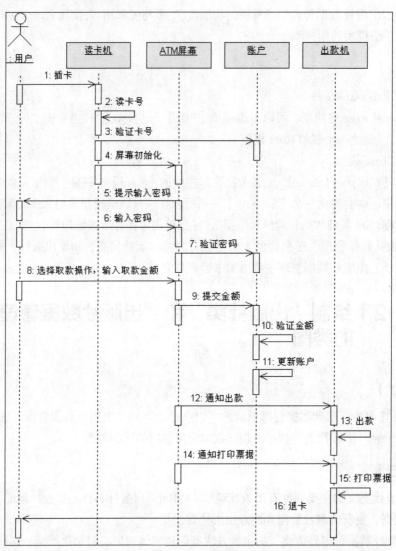

图 4-1　从 ATM 机取款的顺序图

【试一试】

根据以下的场景描述，绘制顾客从自动售货机中购买饮料的顺序图。

顾客先向自动售货机的前端投入钱币，顾客选择要购买的饮料，售货机的钱币识别器接收顾客投入的钱币，识别器控制售货机的出货器将一罐饮料送到前端。

知识疏理

1. 顺序图的功能及特点

UML 顺序图也叫时序图，用来描述对象之间动态的交互关系，着重反映对象间消息传递的时间顺序，说明对象之间的交互过程，以及系统执行过程中，在某一具体位置将会有什么事件发生。

顺序图存在两个轴：一是水平轴，表示不同的对象；二是垂直轴，表示时间，如图 4-2 所示。

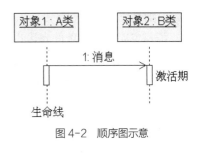

图 4-2　顺序图示意

顺序图显示随着时间的变化对象之间是如何通信的。UML 顺序图在对象交互的表示中加入了时间维。在顺序图中，对象位于图的顶部，从上到下表示时间的流逝，每个对象都有一个垂直向下的对象生命线，对象生命线上的窄矩形条表示激活，激活表示该对象正在执行某个操作。可以沿着对象的生命线表示出对象的状态。

来自消息发送者对象的请求被传递给消息接收者对象，它请求接收者对象执行某种操作。通常，这需要发送者等待接收者来执行该操作，由于发送者等待接收者，这种消息又称为同步消息。UML 用一个带箭头的实线来表示同步消息。通常，这种情况还包含了来自接收者的一个返回消息，这个返回消息的符号是一条带箭头的虚线。另一个重要的消息是异步消息，在这种消息中，发送者把控制权转交给接收者，但并不等待操作完成，这种消息的符号是一个两条线的箭头。

消息在垂直方向上的位置表示了该消息在交互序列中发生的时间，越靠近图顶部的消息发生得越早，越靠近底部的消息发生得越晚。

顺序图有两个方向，垂直方向表示时间，水平方向代表参与交互的对象。通常，当一个对象调用另一个对象中的操作时，即完成了一次消息传递。当操作执行后，控制便返回给调用者。对象通过相互间的通信进行合作并在其生命周期中根据通信的结果不断改变自身的状态。

每个消息显示为一个从发送消息的对象的生命线到接收消息的对象的生命线的水平箭头。在箭头相对空白处放置一个标号及文字表示消息被发送的时间或其他的约束条件。

2. 顺序图的组成元素

一个顺序图主要由四种元素构成：对象、生命线、激活期和消息，如图 4-2 所示。

（1）对象：表示参与交互的对象。

（2）生命线：表示对象存在的时间。

（3）激活期：表示对象被激活的时间段。

（4）消息：表示对象之间的通信。

方法指导

顺序图的绘制方法如下所示。

（1）对象：用一个矩形框表示，并有对象名和类名。

（2）生命线：从对象图标发出的一条垂直虚线，表示在某段时间内对象是存在的。

（3）激活期：用位于生命线上的一个窄矩形表示，矩形框的两端分别表示激活期的开始时间和终止时间。

（4）消息：用一条带箭头水平线表示，从消息的发出对象指向目标对象。

在对象的生命线间画消息可以表示对象间的通信。不同的箭头形式指明不同的消息类型，当收到消息时，接收对象立即开始执行活动，也就是对象被激活了。激活的表示方法是在对象生命线上显示一个细长矩形框，矩形框的长短表示对象生命周期的长短。消息可以用消息名及参数来标识。消息也可带有顺序号，生命线及消息之间的传递关系如图 4-2 所示。

消息也能够带有条件表达式，条件表达式表示分支，也可以决定是否发送消息。如果条件表达式表示分支，那么每个分支是互相排斥的，也就是在某一时刻只能够发送分支中的一个消息。在顺序图的左边可以有说明信息，用于说明消息发送的时刻，描述动作的执行情况以及约束信息等，也能够定义两个消息间的时间限制。

可以通过发送消息来创建另一个对象，当一个对象被删除或自我删除时，该对象用"×"标识。

▶ 引导训练

【任务 4-3】分析与绘制"出版社数据管理"子模块的顺序图

【任务描述】

（1）分析"出版社数据管理"子模块的顺序图。

（2）使用 Rational Rose 绘制浏览出版社数据和新增出版社的顺序图。

【任务实施】

1. 构思基础数据管理子模块的顺序图

（1）构思浏览出版社数据的顺序图

浏览出版社数据的主要参与者是图书管理员，涉及的类主要有出版社数据管理界面、出版社类和数据库操作类。系统运行时，图书管理员执行浏览出版社数据的操作，系统创建并显示出版社数据管理界面，且开始执行初始化数据的操作，调用业务逻辑层出版社类的方法 getPublisherInfo()，获取出版社数据，此时调用数据操作层的数据库操作类的方法 getData()，从数据表中提取所需的数据，将获取数据返回到出版社数据管理界面供浏览。

（2）构思新增出版社的顺序图

新增出版社的主要参与者是图书管理员，涉及的类主要有出版社数据管理界面、出版社类和数据库操作类。系统运行时，首先创建并显示出版社数据管理界面，在该用户界面调用方法 addPublisherData()，执行新增出版社的操作，调用业务逻辑层出版社类的方法 addPublisher() 增加新的出版社，然后调用数据操作层的数据库操作类的方法 insertData() 向数据表中插入新记录，执行方法 updateData() 更新数据表，且将更新后的数据返回到出版社数据管理界面供浏览。

2. 建立新的顺序图

在 Rational Rose 的【模型浏览】窗口"Logical View"节点对应的行单击鼠标右键，在弹出的快捷菜单中选择【New】选项，然后单击下一级菜单项【Sequence Diagram】。此时，在"Logical View"节点下添加了一个默认名称为"NewDiagram"的项，输入一个新的顺序图名称"浏览出版社数据顺序图"。

双击【模型浏览】窗口中的"Logical View"节点中的项"浏览出版社数据顺序图"，显示顺序图【编辑】窗口和编辑工具栏。

3. 在顺序图【编辑】窗口添加参与者

在 Rational Rose【模型浏览】窗口中的"Use Case View"节点中选择已创建的参与者，这里单击选择"图书管理员"，然后按住鼠标左键将其从【模型浏览】窗口中拖动到顺序图中，此时顺序图【编辑】窗口中显示参与者":图书管理员"对象":图书管理员"下有虚线条。如图 4-3 所示。

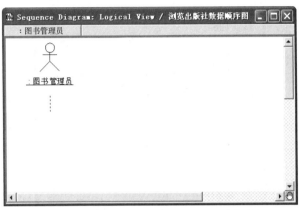

图 4-3　在顺序图【编辑】窗口中添加参与者

4. 在顺序图【编辑】窗口添加对象

（1）在顺序图【编辑】窗口添加第 1 个对象

在编辑工具栏单击【Object】按钮，然后在顺序图【编辑】窗口中要绘制对象的位置单击鼠标左键，再编辑添加一个无名对象，然后在该无名对象位置单击鼠标右键，打开快捷菜单，在该快捷菜单中单击菜单项【Open Specification】，如图 4-4 所示，打开【Object Specification for Untitled】对话框，在该对话框中"Class"对应的列表框中单击选择"出版社数据管理界面"类，如图 4-5 所示。然后单击【OK】按钮即可。

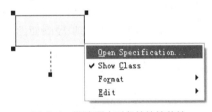

图 4-4　顺序图中对象的快捷菜单

图 4-5　在【Object Specification for Untitled】对话框中选择类

（2）在顺序图【编辑】窗口添加第 2 个对象

与添加第 1 个对象相似，首先在顺序图【编辑】窗口中添加一个无名对象，然后打开【Object Specification for Untitled】对话框，在该对话框中"Name"文本框中输入对象名称"出版社"，在"Class"对应的列表框中单击选择"出版社类"，如图 4-6 所示。然后单击【OK】按钮即可。

图 4-6　在"Class"列表框中选择"出版社类"

（3）在顺序图【编辑】窗口添加第 3 个对象

在【模型浏览】窗口中，单击"Logical View"节点中的项"数据库操作类"，如图 4-7 所示。然后按住鼠标左键将其拖动到顺序图【编辑】窗口中的合适位置松开左键即可。添加了一个参与者对象和三个类对象的顺序图如图 4-8 所示。

图 4-7　在【模型浏览】窗口中单击
选择"数据库操作类"

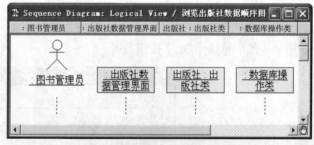

图 4-8　在顺序图【编辑】窗口中
添加 1 个参与者和 3 个类对象

注意　　　图 4-8 中的对象有两种不同的表示方法：一种匿名对象形式，例如"：出版社数据管理界面""：数据库操作类"，另一种的名称形式为"对象名：类名"，例如"出版社：出版社类"。对于同一个顺序图，建议采用同一种名称形式，可以使用匿名对象形式。

5. 在顺序图【编辑】窗口设置对象属性

在顺序图【编辑】窗口双击对象"数据库操作类"图标，弹出图 4-9 所示的【Object Specification for Untitled】对话框，在该对象框中可以设置对象的 Name（对象名称）、Class（相关联的类）、Documentation（文档说明）及 Persistence 等属性。

也可以选中要设置属性的对象，然后单击鼠标右键，在弹出的快捷菜单中单击菜单项【Open Specification】打开图 4-9 所示的设置对象属性的对话框。

图 4-9 【Object Specification for Untitled】对话框

在【Object Specification for Untitled】对话框中设置对象属性，例如在"Name"文本框中输入对象名称"数据库操作对象"，如图 4-10 所示。属性设置完成后，单击【OK】按钮。

图 4-10 在【Object Specification for Untitled】对话框中设置对象属性

6. 在顺序图【编辑】窗口中设置字体大小和调整对象位置

在顺序图【编辑】窗口中拖动鼠标左键选中顺序图中的参与者和 3 个对象，然后单击鼠标右键，在弹出的快捷菜单中依次指向【Format】→【Font Size】，然后单击菜单项【10】，即可设置字体大小，如图4-11所示。

在顺序图【编辑】窗口单击选中参与者或对象，然后按住鼠标左键移动鼠标调整其左右位置或上下位置。

图4-11 设置字体大小的快捷菜单

7. 在顺序图【编辑】窗口添加消息

消息是对象间的通信，一个对象可以发送消息请求另一个对象做某件事。

（1）在参与者与对象之间添加消息

在顺序图的编辑工具栏中单击【Object Message】按钮→，然后在顺序图【编辑】窗口发送消息的参与者"图书管理员"的虚线处单击，按住鼠标左键将鼠标指针拖动到接收消息对象"：出版社数据管理界面"的虚线上，松手后一条表示消息的直线便绘制完成，如图4-12所示，由于添加的消息是顺序图中的第1个消息，所以其序号为"1"。

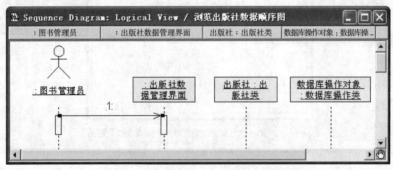

图4-12 在"参与者"与"对象"之间添加消息

参与者与对象之间的消息绘制以后，还要选择方法或输入消息文本。双击表示消息的直线，在弹出的【Message Specification for Untitled】对话框的【General】选项卡的"Name"列表框中选择方法或输入要添加的消息文本，这里选择"出版社数据管理界面"的方法"createWindows()"，如图4-13所示。属性设置完成后单击【OK】按钮。

图4-13 在【Message Specification for Untitled】对话框中选择方法

（2）添加对象的反身消息

在顺序图的编辑工具栏中单击【Message to Self】按钮 ↶，然后在"：出版社数据管理界面"对象对应列中表示激活期的矩形处或者在表示生命线的虚线处单击。由于所添加的消息是顺序图中的第 2 个消息，所以其序号为"2"。在序号"2"处单击鼠标右键，在弹出的快捷菜单中单击选择该对象的方法"initializeData()"，如图 4-14 所示。

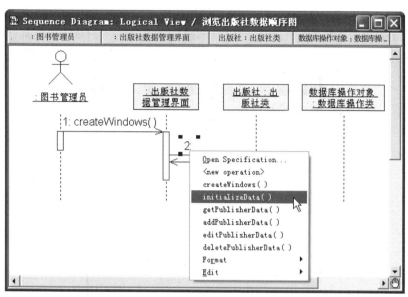

图 4-14 利用快捷菜单选择对象的方法

（3）在对象与对象之间添加消息

在顺序图的编辑工具栏中单击【Object Message】按钮 →，然后在顺序图【编辑】窗口发送消息的对象"：出版社数据管理界面"的虚线处单击，按住鼠标左键将鼠标指针拖动到接收消息对象"出版社：出版社类"的虚线上，松手后一条表示消息的直线便绘制完成，由于添加的消息是顺序图中的第 3 个消息，所以其序号为"3"。在添加的消息"3"处单击鼠标右键，在弹出的快捷菜单中单击菜单项【Open Specification】，在弹出的【Message Specification for Untitled】对话框的【General】选项卡的"Name"列表框中选择方法"getPublisherInfo()"，属性设置完成后单击【OK】按钮，结果如图 4-15 所示。

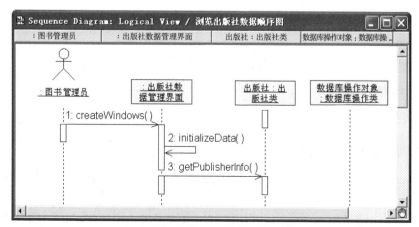

图 4-15 在对象与对象之间添加消息

按照同样的方法在对象"出版社：出版社类"与对象"数据库操作对象：数据库操作类"之间添加消息"getData()"。

（4）添加返回消息

在顺序图的编辑工具栏中单击【Return Message】按钮→，然后在顺序图【编辑】窗口发送返回消息的对象"数据库操作对象：数据库操作类"的虚线处单击，按住鼠标左键将鼠标指针拖动到接收返回消息对象"出版社：出版社类"的虚线上，松手后一条表示返回消息的直线便绘制完成。然后双击表示消息的直线，在弹出的【Message Specification for Untitled】对话框的【General】选项卡的"Name"列表框中输入要添加的消息文本"return Data"，如图 4-16 所示。

图 4-16　在"Name"列表框中输入要添加的消息文本

以同样的方法在对象"出版社：出版社类"和对象"：出版社数据管理界面"之间添加返回消息"return Data"。

（5）调整消息文本的字体大小和位置

按住鼠标左键移动鼠标选中所添加的消息，然后设置其字体大小为"10"。分别单击选中表示消息的直线，然后按住鼠标左键移动鼠标调整消息的上下位置。分别单击选中消息文本或方法，然后按住鼠标左键移动鼠标调整其上下位置或左右位置。

另外还可以调整顺序图中对象的左右位置，以保证对象的生命线之间有足够的空间能容纳消息文本或方法。

绘制完成的"浏览出版社数据顺序图"如图 4-17 所示。

8. 保存绘制的顺序图

单击菜单【File】→【Save】，或者单击工具栏中的【Save】按钮💾保存所绘制的顺序图。

9. 绘制新增出版社的顺序图

使用 Rational Rose 绘制新增出版社顺序图与绘制浏览出版社数据顺序图相似，其主要操作步骤如下。

（1）在【模型浏览】窗口"Logical View"节点中新建顺序图"新增出版社顺序图"，然后显示顺序图【编辑】窗口和编辑工具栏。

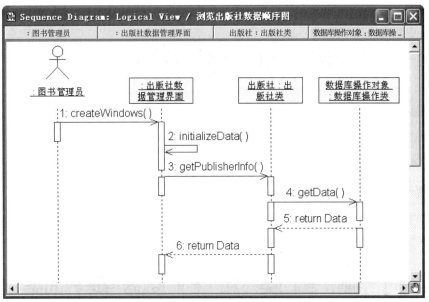

图 4-17　浏览出版社数据顺序图

（2）在顺序图【编辑】窗口添加 1 个参与者"图书管理员"和 3 个对象"：出版社数据管理界面""：出版社类"和"：数据库操作类"。

（3）设置对象属性，调整参与者及各个对象的位置，设置其字体大小。

（4）在参与者与对象之间或者对象与对象之间添加各种形式的消息。

新增出版社的顺序图绘制结果如图 4-18 所示。

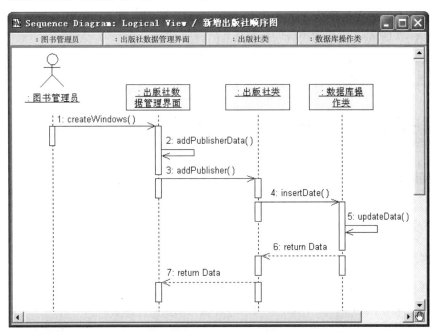

图 4-18　新增出版社的顺序图

同步训练

【任务 4-4】绘制部门数据管理的用例图

【任务描述】

分析"部门数据管理"子模块的功能需求、参与者和用例，使用 Rational Rose 绘制"部门数据管理"子模块的用例图。

【操作提示】

"部门数据管理"子模块的主要功能有浏览部门数据，新增部门、修改部门数据和删除部门。对部门数据进行管理主要由图书管理员完成。

【任务 4-5】绘制"部门类"和"部门数据管理界面类"的类图

【任务描述】

设计图书管理系统基础数据管理模块的"部门类"和"部门数据管理界面类"，且使用 Rational Rose 绘制"部门类"和"部门数据管理界面类"的类图。

【操作提示】

（1）"部门类"的主要属性有部门编号、部门名称、部门负责人、联系人和联系电话等，主要方法有获取部门数据、更新部门数据和删除部门数据。

（2）"部门数据管理界面类"的主要方法有创建窗体对象、初始化数据、显示部门数据、新增部门、修改部门数据和删除部门数据等。

【任务 4-6】绘制修改部门数据的顺序图

【任务描述】

分析"部门管理"子模块中修改部门数据所涉及的类、方法及其实现过程，使用 Rational Rose 绘制修改部门数据的顺序图。

【操作提示】

修改部门数据涉及的参与者是图书管理员，涉及的类有"部门数据管理界面类""部门类"和"数据库操作类"。调用"部门数据管理界面类"的方法创建窗口界面，在窗口界面中修改部门数据，然后依次调用"部门数据管理界面类"的方法、"部门类"的方法和"数据库操作类"的方法实现数据的修改和更新，且返回数据是否修改成功的结果。

UML软件建模任务驱动教程（第3版）

【任务 4-7】绘制删除部门数据的顺序图

【任务描述】

分析"部门管理"子模块中删除部门数据所涉及的类、方法及其实现过程，使用 Rational Rose 绘制删除部门数据的顺序图。

【操作提示】

删除部门数据涉及的参与者是图书管理员，涉及的类有"部门数据管理界面类""部门类"和"数据库操作类"。调用"部门数据管理界面类"的方法创建窗口界面，在窗口界面中删除部门数据，然后依次调用"部门数据管理界面类"的方法、"部门类"的方法和"数据库操作类"的方法实现数据的删除和更新，且返回数据是否成功删除的结果。

【任务 4-8】浏览更新部门数据的活动图

【任务描述】

在 Rational Rose 的逻辑视图中显示"更新部门数据"的活动图，观察"更新部门数据"的操作过程。

【操作提示】

"更新部门数据"的活动图如图 4-19 所示。

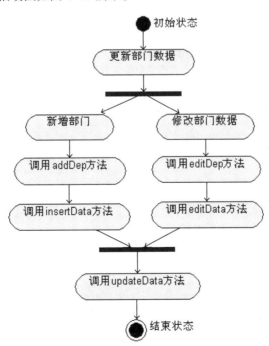

图 4-19 "更新部门数据"的活动图

单元小结

UML 顺序图强调消息发送的时间顺序，顺序图一般包括对象、生命线、激活期和消息等元素，顺序图中的对象沿横轴排列，从左至右分布在图的顶部，消息则沿纵轴按时间顺序排列。

本单元介绍了 UML 顺序图的功能、组成元素和绘制方法，重点介绍了 Rational Rose 中顺序图的绘制方法。

单元习题

（1）UML 的交互图主要有（　　）和（　　），其中，（　　）强调消息发送的时间顺序。

（2）顺序图描述了对象之间传送消息的时间顺序，主要包含四个元素，分别是（　　）、（　　）（　　）和（　　）。

（3）UML 的顺序图将交互关系表示为二维图，其中，纵轴为（　　）轴，横轴代表了参与交互的（　　）。消息用从一个对象的生命线到另一个对象生命线的箭头表示。

（4）在顺序图中，一个对象的生命周期结束时，在其生命线上的终止点位置放置一个（　　）符号即可。

（5）顺序图中对象的符号和对象图中对象所用的符号一样，都是使用矩形将对象名称包含起来，并且对象名称下有（　　），UML 顺序图中，消息的图标使用箭头表示，箭头的类型表示消息的类型，表示反身消息的图标是（　　）。

（6）UML 的顺序图，消息编号是可选项，可以打开或关闭消息编号。要打开消息编号，单击选择菜单栏中的（　　）菜单项，在出现的对话框中选择【Diagram】选项卡，单选选中（　　）复选框，就可以显示消息编号。

（7）简述顺序图的组成部分以及各部分的表示方法。

（8）简述 Rational Rose 中绘制顺序图的基本步骤。

单元5
业务数据管理模块建模

05

　　业务数据是管理信息系统的主要处理对象。管理信息系统的业务处理主要围绕业务数据展开。例如图书管理系统的图书和借阅者是"图书借阅"处理的主要参与对象，"借阅者"借阅"图书"。新购的"图书"需要编目、入库后，才能被"借阅者"借阅。"借阅者"必须办理"借书证"才能凭"借书证"借阅"图书"。本单元主要实现对书目管理和借阅者管理等业务数据管理模块的建模。

　　本单元主要介绍活动图的绘制，活动图提供了一种对业务过程的工作流进行建模的方法，UML的活动图与流程图非常相似，可以对从一个活动到另一个活动的工作流建模。

教学导航

教学目标	（1）熟悉 UML 活动图的功能与组成元素 （2）理解活动图的绘制方法 （3）学会构思活动图 （4）学会在 Rational Rose 中绘制活动图
教学重点	（1）UML 活动图的功能与组成元素 （2）在 Rational Rose 中绘制活动图
教学方法	任务驱动教学法、分组讨论法、自主学习法、探究式训练法
课时建议	6 课时

前导训练

【任务 5-1】绘制"书目数据管理"子模块的用例图

【任务描述】

　　（1）创建一个 Rose 模型，将其命名为"05 业务数据管理模块模型"，且保存在本单元对应的文件夹中。

（2）分析"书目数据管理"子模块的功能需求、参与者和用例，使用 Rational Rose 绘制"书目数据管理"子模块的用例图。

【操作提示】

（1）启动 Rational Rose。如果 Rational Rose 已启动，可以单击菜单【File】→【New】，或者单击"标准"工具栏中的【New】按钮 □，创建一个新的 Rose 模型。

（2）保存 Rose 模型。单击菜单【File】→【Save】，或者单击工具栏中的【Save】按钮 ■。如果是创建模型之后的第一次保存操作，则会弹出一个【Save As】对话框，在该对话框选择模型文件的保存位置，且输入模型文件名称"05 业务数据管理模块模型"，然后单击【保存】按钮即可。

（3）"书目数据管理"子模块的主要功能有浏览书目数据、新增书目数据、修改书目数据、删除书目数据和打印书目数据等。书目数据管理主要由图书管理员完成。

【任务 5-2】绘制"书目类""浏览与管理书目数据界面类""新增书目界面类"和"修改书目界面类"的类图

【任务描述】

设计图书管理系统业务数据管理模块的"书目类""浏览与管理书目数据界面类""新增书目界面类"和"修改书目界面类"，且使用 Rational Rose 绘制"书目类""浏览与管理书目数据界面类""新增书目界面类"和"修改书目界面类"的类图。

【操作提示】

（1）"书目类"的主要属性有书目编号、图书名称、作者、出版社名称、ISBN、出版日期、图书页数、价格、图书类型、总藏书数量、现存数量、馆藏地点、简介等。"书目类"的主要方法有获取书目数据、获取图书类型、获取出版社数据、获取馆藏地点、新增书目数据、修改书目数据、删除书目数据和打印书目数据等。

（2）"浏览与管理书目数据界面类"的主要方法有创建窗体对象、获取书目数据、新增书目、修改书目数据、删除书目和打印书目数据等。

（3）"新增书目界面类"的主要方法有创建新增书目窗体对象、初始化数据、检查必须输入数据的控件是否为空、保存新增的书目数据等。

（4）"修改书目界面类"的主要方法有创建修改书目窗体对象、初始化数据、检查必须输入数据的控件是否为空、保存修改的书目数据等。

"书目类""浏览与管理书目数据界面类""修改书目界面类"供参考的类图如图 5-1 所示。

【任务 5-3】绘制新增书目数据的顺序图

【任务描述】

分析"书目管理"子模块新增书目数据所涉及的类、方法及其实现过程，使用 Rational Rose

绘制新增书目数据的顺序图。

图 5-1 供参考的类图

【操作提示】

新增书目数据涉及的参与者是图书管理员，涉及的类有"浏览与管理书目数据界面类""新增书目界面类""书目类"和"数据库操作类"。调用"浏览与管理书目数据界面类"的方法创建窗口界面，调用"书目类"和"数据库操作类"的有关方法获取书目数据，且在"浏览与管理书目数据界面"中显示已有的书目数据。然后调用方法实现新增书目，调用方法创建"新增书目"的窗口界面，在"新增书目"的界面中输入书目数据，接着调用"书目类"和"数据库操作类"的有关方法实现书目数据的新增。

供参考的新增书目顺序图如图 5-2 所示。

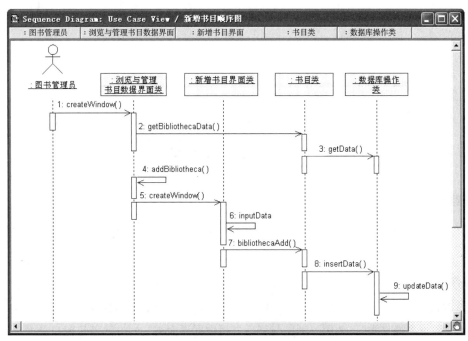

图 5-2 供参考的新增书目顺序图

【任务 5-4】绘制修改书目数据的顺序图

【任务描述】

分析"书目管理"子模块修改书目数据所涉及的类、方法及其实现过程，使用 Rational Rose 绘制修改书目数据的顺序图。

【操作提示】

修改书目数据所涉及的类、方法及其实现过程与新增书目数据类似，不同的是修改书目数据时，打开一个"修改书目"的窗口界面。在该界面中显示待修改的书目数据，然后根据需要修改数据即可。

供参考的修改书目数据顺序图如图 5-3 所示。

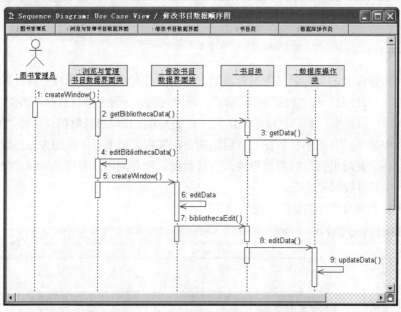

图 5-3　供参考的修改书目数据顺序图

【任务 5-5】绘制删除书目数据的顺序图

【任务描述】

分析"书目管理"子模块删除书目数据所涉及的类、方法及其实现过程，使用 Rational Rose 绘制删除书目数据的顺序图。

【操作提示】

删除书目数据涉及的参与者是图书管理员，涉及的类有"浏览与管理书目数据界面类""书目类"和"数据库操作类"。调用"浏览与管理书目数据界面类"的方法创建窗口界面，调用"书目类"和"数据库操作类"的有关方法获取书目数据，且在"浏览与管理书目数据界面"中显示已有的书目数据。然后调用方法实现删除书目，调用"书目类"和"数据库操作类"的有关方法实现书目数据的删除和更新。

供参考的删除书目顺序图如图 5-4 所示。

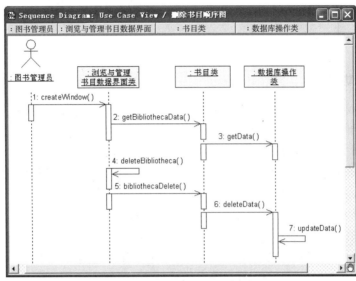

图 5-4　供参考的删除书目顺序图

引例探析

银行 ATM 机取款的活动图如图 5-5 所示，根据我们平时到 ATM 机上取款的经验分析一下取款的活动图。取款的操作过程已在单元 4 进行了详细的分析，这里不再赘述。

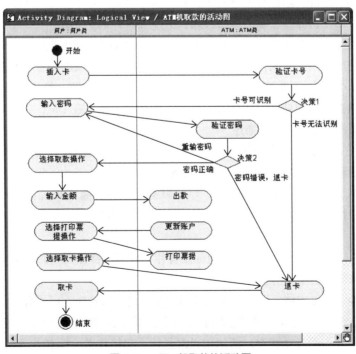

图 5-5　ATM 机取款的活动图

回家开门的主要环节如下：取出钥匙、用钥匙打开门、开门进入房间，关门。请绘制开门的活动图。

 知识疏理

1. 活动图的功能

活动图（Activity Diagram）是 UML 用于对系统的动态行为建模的一种常用工具，它描述用例的活动以及活动间的约束关系，用于识别并行活动和工作流程情况，使用框图的方式显示动作及其结果。活动图主要描述操作及用例实例或对象中的活动过程。

活动图用来描述工作流，可以说明采取什么动作、做什么（对象状态改变）、什么时间发生（动作序列）及在什么地方发生（泳道）。活动图的作用如下。

（1）活动图最常见的用途是描述一个操作执行过程完成的工作（动作）。

（2）描述对象内部的工作。

（3）显示怎样执行一组相关的动作，以及这动作怎样影响它们周围的对象。

（4）显示用例的实例怎样执行动作以及怎样改变对象的状态。

（5）说明一次商务活动中的人（参与者）、工作流组织及对象是怎样工作的。

2. 活动图的组成元素

活动图由各种动作状态构成，每个动作状态包含可执行动作的规范说明。当某个动作执行完毕，该动作的状态就会随着改变。

活动图由初态、终态、动作状态或活动状态、状态转换、分叉与汇合等组成。

（1）初态和终态：初态和终态的作用及其表示方法如图 5-6 所示。

（2）动作状态：活动图包括动作状态和活动状态。动作状态是指执行原子的、不可中断的动作，并在此动作完成后通过完成转换转向另一个状态。这里所指的动作有三个特点：原子的，它是构造活动图的最小单位，不能被分解成更小的部分；不可中断的，即一旦开始就必须运行到结束；瞬时的，即动作状态占用的处理时间极短，有时甚至可以忽略。在 UML 中，动作状态使用带圆端的方框表示，框内填写对动作的描述。

（3）活动状态：对象的活动状态可以被理解成一个组合，它的控制流由其他活动状态或动作状态组成。因此活动状态的特点是：它可以被分解成其他子活动或动作状态，它能够被中断，占有有限的事件。从程序设计的角度来理解，活动状态是软件对象实现过程中的一个子过程。如果某活动状态只包括一个动作的活动状态，那它就是动作状态，因此动作状态是活动状态的一个特例。

在 UML 中，动作状态和活动状态的图标没有什么区别，都是圆端的方框。只是活动状态可以附加入口动作和出口动作等信息。

（4）状态转换：一个实体不同动作状态或活动状态之间的转换，用带有箭头的实线表示，从出发状态指向终结状态。一个活动状态执行完本状态需要完成的动作后会自发转换到另一个状态。一个活动图有很多动作或活动状态，活动图通常开始于初始状态（初态），然后自动转换到活动图的第一个活动状态，一旦该状态的动作完成后，控制就会转换到下一个动作状态或活动状态。转换不断重复进行，直到碰到一个分支或者终止状态（终态）为止。

箭头上还可以带有监护条件，用来发送短句和动作表达式。监护条件用来约束转移，监护条件为真时转移才可以开始，用菱形符号来表示分支，如图5-6所示。分支包括一个或多个入转换和两个或更多带有监护条件的出转换，出转换的条件应当是互斥的，这样可以保证只有一条出转换能够被触发。

（5）分叉与汇合：对象在运行时可能会存在两个或者多个并发运行的控制流，为了对并发的控制流建模，UML中引入了分叉与汇合。分叉用于将状态转换分为两个或者多个并发运行的分支，而汇合是用于同步这些并发分支，以达到共同完成一项事务的目的。

分叉可以用来描述并发转换，每个分叉可以有一个输入转换和两个或多个输出转换，每个转换都可以是独立的控制流。汇合代表两个或多个并发控制流同步发生，当所有的控制流都到达汇合点后，控制才能继续往下进行。每个汇合可以有两个或多个输入转换和一个输出转换。

分叉和汇合都使用粗黑线表示，粗黑线称作同步棒，如图5-6所示。分叉又分为水平分叉与垂直分叉，两者在表达的意义上没有任何差别，只是为了绘图的方便才分为两种。

（6）泳道：泳道将活动图中的活动划分为若干组，并把每一组指定给负责这组活动的对象。在活动图中，泳道区分了负责活动的对象，它明确地表示了哪些活动是由哪些对象进行的。在包含泳道的活动图中，每个活动只能明确地属于一个泳道。

在活动图中，泳道用垂直实线绘出，垂直线分隔的区域就是泳道。在泳道上方给出泳道的名称或对象的名称，该对象负责泳道内的全部活动，泳道之间的顺序可以改变。每个活动状态都存在于一条泳道中，而转移则可能存在于多条泳道中，不同泳道的活动既可以顺序进行也可以并发进行。泳道的表示如图5-6所示。

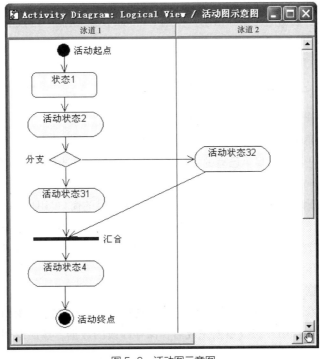

图 5-6　活动图示意图

方法指导

通常绘制活动图的步骤如下。

（1）识别要描述工作流的类或对象。找出负责工作流实现的业务对象，这些对象可以是显示业务领域的实体，也可以是一种抽象的概念和事物。找出业务对象的目的是为每一个重要的业务对象建立泳道。

（2）确定工作流的初始状态和终止状态，明确工作流的边界。

（3）对动作状态或活动状态建模，找出随时间发生的动作或活动，将它们表示为动作状态或活动状态。

（4）对状态转换建模。对状态转换建模时可以首先处理顺序动作，接着处理分支等条件行为，然后处理分叉与汇合等并发行为。

（5）为对象流建模。找出与工作流相关的重要对象，并将其连接到相应的动作状态或活动状态。

（6）对建立的模型进行优化和细化。

引导训练

【任务 5-6】分析与绘制"书目管理"子模块的活动图

【任务描述】

（1）构思"书目管理"子模块的活动图。

（2）识别管理书目数据的对象和活动，使用 Rational Rose 绘制书目数据管理的活动图。

【任务实施】

1. 构思书目管理子模块的活动图

下面以书目数据管理活动图的构思为例加以说明。

书目数据管理主要包括"新增书目""修改书目数据"和"删除书目"三个用例。系统运行时，首先在"书目数据管理界面"显示已有的书数据，然后根据用户选择的操作进行相应的处理。

（1）新增书目

如果用户选择"新增书目"的操作时，首先显示新增书目的窗口，用户在该窗口中输入书数据，必需的书目数据输入完毕，用户单击【保存】按钮，保存新增的书目。如果用户选择继续新增书目，则在新增书目窗口重新输入新的书目数据，同样保存书目数据。如果用户选择结束新增书目，则返回书目数据管理界面，等待进行其他的操作。

（2）修改书目数据

如果用户选择"修改书目数据"的操作时，首先显示修改书目数据的窗口，且在该窗口中显示出待修改的书目数据。用户修改数据完成后，保存修改的数据，然后返回书目数据管理界面，等待进行其他的操作。

（3）删除书目

如果用户需要删除书目，则先在书目数据管理界面中选择待删除的书目，然后单击【删除】按钮，此时会显示"是否真的删除书目"的提示信息对话框，如果用户选择了"是"按钮，则从数据表中删除该书目。

2. 创建活动图

在 Rational Rose【模型浏览】窗口"Logical View"节点对应的行单击鼠标右键，在弹出的快捷菜单中选择【New】选项，然后单击下一级菜单项【Activity Diagram】，如图 5-7 所示。

图 5-7　创建活动图的快捷菜单

此时，在"Logical View"节点下添加了一个默认名称为"NewDiagram"的项，如图 5-8 所示。

图 5-8　创建默认名称为"NewDiagram"的活动图

输入活动图的名称"书目数据管理活动图"，如图 5-9 所示。也可以鼠标右键单击活动图的默认名称"NewDiagram"，在弹出的快捷菜单中单击菜单项【Rename】，更改活动图的名称。

图 5-9   将活动图的名称更改为"书目数据管理活动图"

建立活动图后，双击【模型浏览】窗口"Logical View"节点中"State/Activity Model"包中的项"书目数据管理活动图"，显示活动图【编辑】窗口和编辑工具栏，如图 5-10 所示。

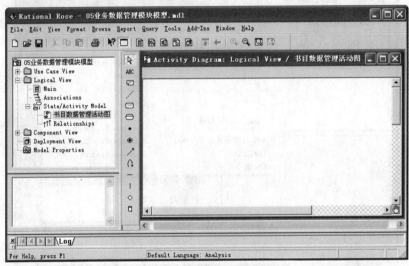

图 5-10   活动图的【编辑】窗口

3. 添加活动图的开始状态

单击选择编辑工具栏上的【Start State】按钮 • ，然后在活动图【编辑】窗口中要绘制开始状态的位置单击鼠标左键，在编辑窗口会添加一个开始状态，如图 5-11 所示。

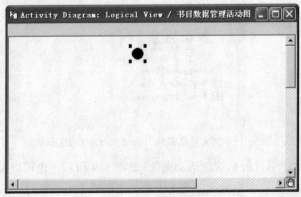

图 5-11   绘制开始状态

双击"开始状态"图标，打开一个属性设置对话框，在该对话框中的"Name"文本框输入开始状态的名称，即"开始状态"，如图 5-12 所示。然后单击【OK】按钮，返回活动图【编辑】窗口，如图 5-13 所示。

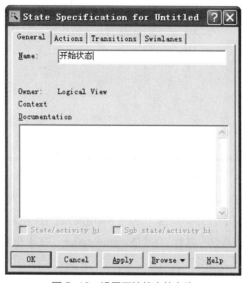

图 5-12　设置开始状态的名称

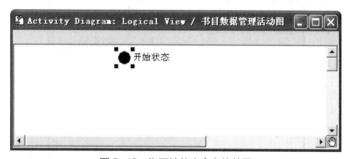

图 5-13　为开始状态命名的效果

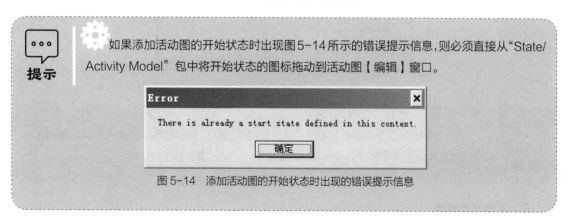

提示

如果添加活动图的开始状态时出现图5-14所示的错误提示信息,则必须直接从"State/Activity Model"包中将开始状态的图标拖动到活动图【编辑】窗口。

图 5-14　添加活动图的开始状态时出现的错误提示信息

4. 添加动作状态

单击选择编辑工具栏上的【Activity】按钮，然后在活动图【编辑】窗口中要绘制动作状态的位置单击鼠标左键，在编辑窗口会添加一个动作状态。如图 5-15 所示。

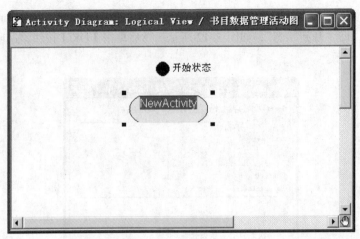

图 5-15　绘制动作状态

在活动图【编辑】窗口双击动作状态图标，打开一个属性设置对话框，该对话框包含四个选项卡：【General】【Actions】【Transitions】和【Swimlanes】，在对话框的【General】选项卡的"Name"文本框输入动作状态的名称，在"Documentation"文本框中输入动作状态的描述信息，其他的属性暂不设置，如图 5-16 所示。

图 5-16　修改动作状态的属性

提示　也可以在活动图【编辑】窗口中鼠标右键单击要更改属性的动作状态图标，在弹出的快捷菜单中单击菜单项【Open Specification】，打开属性设置对话框。

5. 添加活动状态

单击选择编辑工具栏上的【Activity】按钮，然后在活动图【编辑】窗口中要绘制活动状态的位置单击鼠标左键，在编辑窗口会添加一个活动状态，修改该活动状态的名称为"新增书目"，如图 5-17 所示。

活动图中表示活动状态的图标与动作状态相同，与动作状态不同的是活动状态允许添加动作。下面以"新增书目"这个活动状态为例说明如何添加动作。

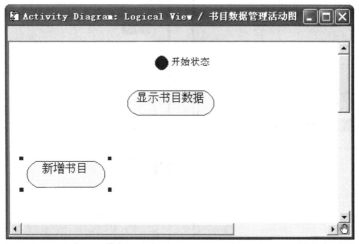

图 5-17　添加一个活动状态且修改其默认名称

（1）在活动图【编辑】窗口鼠标右键单击要添加动作的活动状态"新增书目"，在弹出的菜单中选择菜单项【Open Specification】，打开图 5-18 所示的活动状态属性设置对话框。

图 5-18　已命名活动状态的属性设置

（2）在活动状态属性设置对话框中单击【Actions】选项卡，在空白位置单击鼠标右键，从弹出的快捷菜单中选择菜单项【Insert】，如图 5-19 所示。此时会自动添加一个默认类型为 Entry 的动作，但不显示动作名称，如图 5-20 所示。

（3）双击列表中出现的默认动作"Entry/"，打开图 5-21 所示的对话框，该对话框只包含一个选项卡【Detail】，用于设置动作执行的时机（When）和动作类型（Type）。

图 5-19　为活动状态增加动作的快捷菜单

图 5-20　为活动状态增加一个动作

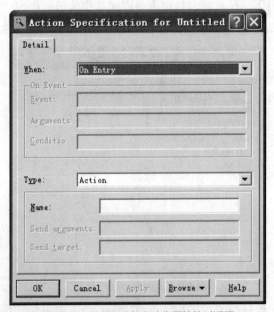

图 5-21　设置活动状态动作属性的对话框

在该对话框的"When"下拉列表框中有四个动作选项："On Entry""On Exit""Do""On Event"，各个选项的含义如下。

① On Entry：进入某个状态时执行的动作。

② On Exit：退出某个状态时执行的动作。

③ Do：从进入某个状态时就开始执行，一直持续到退出该状态时为止。

④ On Event：仅在接收到指定的事件之后发出一个动作。

这里，选择"On Event"动作选项，如图 5-22 所示。

图 5-22　选择一个动作执行的时机"On Event"

　　接下来设置事件的名称、参数和条件，在"Event"文本框中输入事件名称"Click"，"Arguments"文本框为空，"Conditio"文本框中输入事件发生的条件"单击"，如图 5-23 所示。

　　在"Type"下拉列表框中有两个动作类型可以选择，其含义如下。

　　① Action：普通动作，用于激活某个方法或者某个活动的启动或停止。

　　② Send Event：触发器动作，用于触发另一个事件。

　　"Type"下拉列表框下方的 Name 文本框用于指定动作的名称。如果指定动作为"Send Event"，还需要设置触发事件的参数（Send arguments）和该动作所要触发的目标（Send target）。一个触发器动作可以带一个或多个参数，目标可以是任何能够接收转换事件的对象。

　　这里选择"Action"，在 Name 文本框中输入动作的名称"ShowDialog"，如图 5-23 所示。

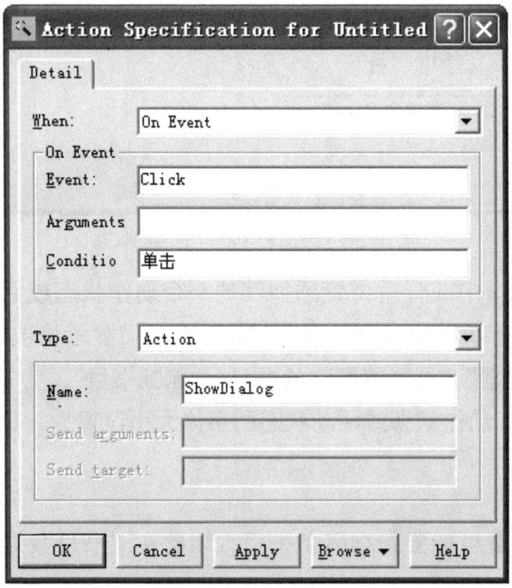

图 5-23　设置动作执行时机和动作类型的参数

单击图 5-23 所示对话框中【OK】按钮，返回图 5-24 所示的活动状态属性设置对话框，在该对话框中单击【OK】按钮，活动状态的动作添加完成，如图 5-25 所示。

图 5-24　添加一个动作的活动状态属性设置对话框

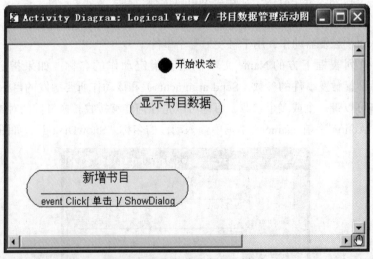

图 5-25　添加一个动作的活动状态

在活动图【编辑】窗口中的合适位置添加其他 9 个动作状态或活动状态"显示新增书目窗口""输入书目数据""保存新增的书目数据""修改书目""显示修改书目数据窗口""修改书目数据""保存修改的书目数据""选择待删除的书目""删除书目"，为了简化活动图，其他的活动状态不添加动作。且将所有动作状态或活动状态的字体大小设置为"10"，如图 5-26 所示。

6. 添加决策

新增书目时，根据需要可能要新增多条书目，因此在"书目数据管理活动图"中添加一个决策。

单击选择编辑工具栏上的【Decision】按钮◇，然后在活动图【编辑】窗口中要绘制决策判断的位置单击鼠标左键，在【编辑】窗口会添加一个决策图标。

图 5-26　添加多个动作状态或活动状态的活动图

双击活动图中的决策图标，打开设置决策属性的对话框，该对话框包含三个选项卡：【General】【Transitions】和【Swimlanes】。在 "Name" 文本框中输入决策名称，如图 5-27 所示，然后单击【OK】按钮关闭对话框。

图 5-27　设置决策的属性

添加的决策如图 5-28 所示。

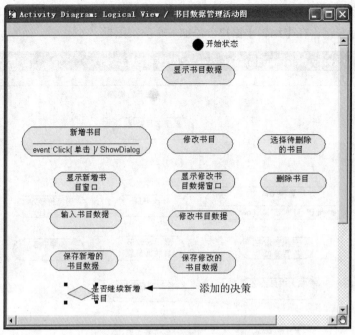

图 5-28　在活动图中添加一个决策图标

7. 添加活动图的结束状态

单击选择编辑工具栏上的【End State】按钮 ◉，然后在活动图【编辑】窗口中要绘制结束状态的位置单击鼠标左键，在【编辑】窗口会添加一个结束状态，如图 5-29 所示。

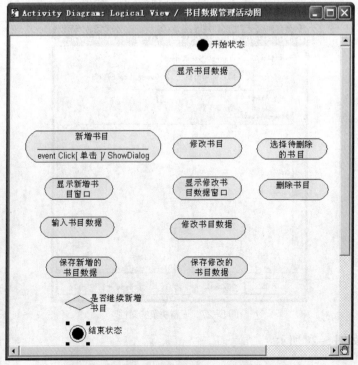

图 5-29　在活动图【编辑】窗口中添加结束状态

单击【模型浏览】窗口中文件夹"Logical View"左侧的⊞，展开"Logical View"文件夹。接着单击【模型浏览】窗口中文件夹"State/Activity Model"的左侧的⊞，展开"State/Activity Model"，如图 5-30 所示。

图 5-30　在【模型浏览】窗口展开文件夹

在【模型浏览】窗口中，单击选择文件夹"State/Activity Model"中的项"结束状态"，然后按住鼠标左键将其拖动到活动图【编辑】窗口中的合适位置松手，即可添加第二个"结束状态"。以同样的方法添加第三个"结束状态"，结果如图 5-31 所示。

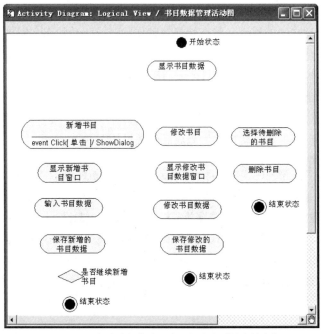

图 5-31　在【编辑】窗口中添加多个"结束状态"

8. 添加分叉与汇合

单击选择活动图【编辑】窗口编辑工具栏上的【Horizontal Synchronization】按钮 ━，在【编辑】窗口要添加分叉与汇合的位置单击鼠标左键即可，如图 5-32 所示。

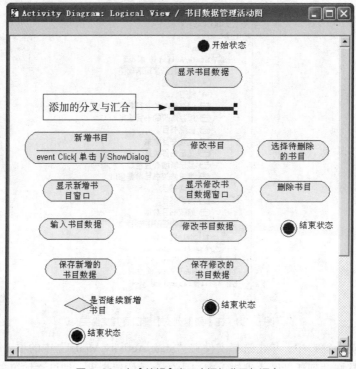

图 5-32　在【编辑】窗口中添加分叉与汇合

9. 添加状态转换

状态转换显示活动之间的移动，状态转换在动作状态或活动状态之间进行。单击选择活动图【编辑】窗口编辑工具栏上的【State Transition】按钮 ↗，鼠标指针移到【编辑】窗口中变为形状↑，然后在【编辑】窗口两个要转换的动作状态或活动状态之间拖动一条直线即可。

调整各个动作状态或活动状态图标、决策图标、分叉与汇合图标的位置，保证活动图整齐、美观。

书目数据管理活动图中状态转换添加完成后的效果如图 5-33 所示。

提示

绘制直线形式的状态转换比较容易，但是绘制折线形式的状态转换比较费事，鼠标指针移到【编辑】窗口中变为形状↑，然后在【编辑】窗口要绘制折线的起点位置单击左键，且按住鼠标左键拖动到转折位置单击左键，接着拖动鼠标指针到下一个转换位置单击左键，依次类推，最后在终点位置单击鼠标左键。如果需要将折线各段调整为水平线或垂直线，先单击选择该折线，该折线会出现多个调整柄■，然后通过拖动折线的调整柄■，逐渐将折线各段调整为水平线或垂直线。

UML软件建模任务驱动教程（第3版）

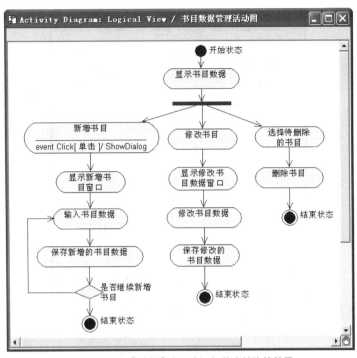

图 5-33　在【编辑】窗口中添加状态转换的效果

　　状态转换添加完成后，依次展开【模型浏览】窗口中的文件夹"Logical View""State/Activity Model""Relationships"，活动图中所添加的状态转换如图 5-34 所示。从图 5-34 可以看出状态转换的表示方法是：[到达状态][出发状态]，决策、分叉与汇合使用 [] 表示。

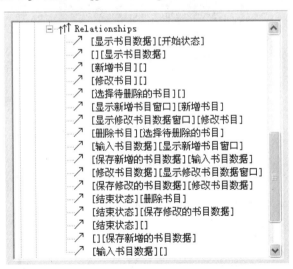

图 5-34　活动图中所添加的状态转换

10.　添加决策的条件

　　在活动图【编辑】窗口中双击"是否继续新增书目"的决策与活动状态"输入书目数据"之间的转换，在弹出的【State Transition Specification】对话框中的【General】选项卡的"Event"文本框输入"是"，如图 5-35 所示。

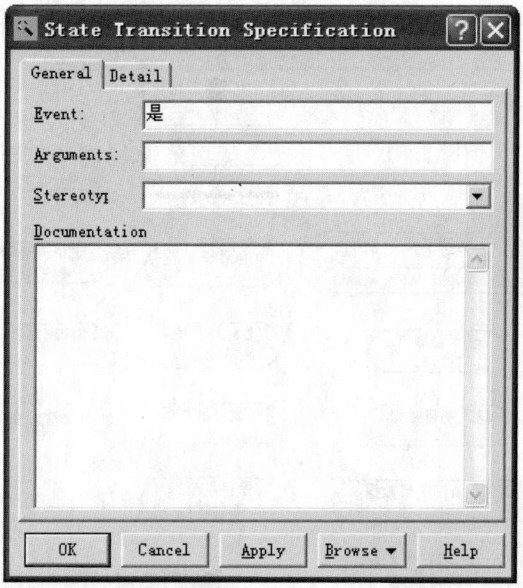

图 5-35 在【State Transition Specification】对话框中设置决策的监护条件

说明

【State Transition Specification】对话框中的【General】选项卡主要用于设置事件名、参数等；【Detail】选项卡主要用于设置转换条件、动作、目标、事件、参数等，如图 5-36 所示。状态转换监护条件的完整形式为：事件名称（参数）[条件]/动作＾目标 . 事件（参数），通常根据需要只设置部分内容。

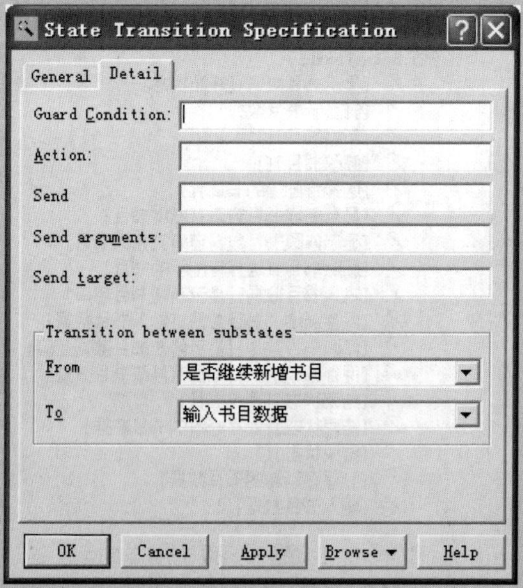

图 5-36 【State Transition Specification】对话框中的【Detail】选项卡

按照类似的方法，在"是否继续新增书目"的决策与结束状态之间添加决策的条件"否"，书目数据管理模块的活动图绘制完成的效果如图 5-37 所示。

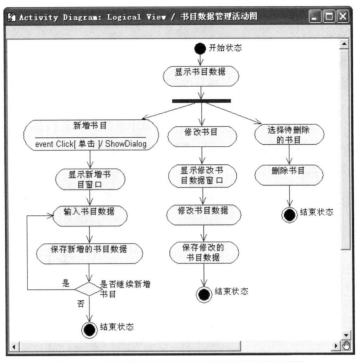

图 5-37　图书管理系统书目数据管理子模块的活动图

在活动图【编辑】窗口中双击决策"是否继续新增书目"，打开【Decision Specification for 是否继续新增书目】对话框，在该对话框中单击选项卡【Transitions】，可以看到与决策相关的转换关系，如图 5-38 所示。

图 5-38　决策的转换关系

11. 保存绘制的活动图

单击菜单【File】→【Save】，或者单击工具栏中的【Save】按钮 保存所绘制的活动图。

增加泳道的方法如下。

单击【编辑】窗口编辑工具栏中的【Swimlane】按钮 🔲，然后在活动图【编辑】窗口单击鼠标左键，这时一个新的泳道便绘制完成，默认的名称为"NewSwimlane"。

泳道绘制完成后，可以修改泳道的名称，修改的方法如下。

在泳道名称位置单击鼠标右键，在弹出的快捷菜单中单击菜单项【Open Specification】，打开设置泳道属性对话框，在该对话框"Name"文本框中输入新的泳道名称。也可以在"Class"组合框中选择泳道的类，如图5-39所示。

图5-39　设置泳道属性的对话框

以同样的方法添加第二泳道，添加泳道后的活动图【编辑】窗口如图5-40所示。

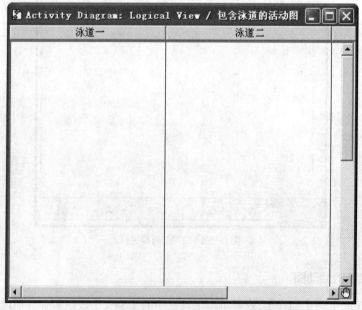

图5-40　添加泳道后的活动图【编辑】窗口

【任务 5-7】绘制图书借阅者管理的用例图

【任务描述】

分析"图书借阅者数据管理"子模块的功能需求、参与者和用例,使用 Rational Rose 绘制"图书借阅者数据管理"子模块的用例图。

【操作提示】

"图书借阅者数据管理"子模块的主要功能有浏览借阅者数据,新增借阅者、修改借阅者数据、删除借阅者和打印借阅者信息。对部门数据进行管理主要由图书管理员完成。

【任务 5-8】绘制"借阅者类""借阅者数据管理界面类"和"新增借阅者界面类"的类图

【任务描述】

设计图书管理系统业务数据管理模块的"借阅者类"和"借阅者数据管理界面类",且使用 Rational Rose 绘制"借阅者类"和"借阅者数据管理界面类"的类图。

【操作提示】

(1)"借阅者类"的主要属性有借阅者编号、姓名、性别、出生日期、借阅者类型、借书证状态、办证日期、截止日期、证件号码、押金剩余、所属部门等。主要方法有获取借阅者数据、获取借阅者类型、新增借阅者、修改借阅者数据、删除借阅者和打印借阅者数据等。

(2)"借阅者数据管理界面类"的主要方法有创建窗体对象、获取借阅者数据、新增借阅者、修改借阅者数据、删除借阅者和打印借阅者数据等。

(3)"新增借阅者界面类"的主要方法有创建新增借阅者窗体对象、初始化数据、检查必须输入数据的控件是否为空、保存新增的借阅者数据等。

【任务 5-9】绘制新增借阅者数据的顺序图

【任务描述】

分析"借阅者管理"子模块新增借阅者数据所涉及的类、方法及其实现过程,使用 Rational Rose 绘制新增借阅者数据的顺序图。

【操作提示】

新增借阅者数据涉及的参与者是图书管理员,涉及的类有"浏览与管理借阅者数据界面类""新增借阅者界面类""借阅者类"和"数据库操作类"。调用"浏览与管理借阅者数据界面类"的方法创建窗口界面，调用"借阅者类"和"数据库操作类"的有关方法获取借阅者数据，且在"浏览与管理借阅者数据界面"中显示已有的借阅者数据。然后调用方法实现新增借阅者，调用方法创建"新增借阅者"的窗口界面，在"新增借阅者"的界面中输入借阅者数据，接着调用"借阅者类"和"数据库操作类"的有关方法实现借阅者数据的新增。

【任务 5-10】绘制删除借阅者数据的顺序图

【任务描述】

分析"借阅者管理"子模块删除借阅者数据所涉及的类、方法及其实现过程，使用 Rational Rose 绘制删除借阅者数据的顺序图。

【操作提示】

删除借阅者数据涉及的参与者是图书管理员，涉及的类有"浏览与管理借阅者数据界面类""借阅者类"和"数据库操作类"。调用"浏览与管理借阅者数据界面类"的方法创建窗口界面，调用"借阅者类"和"数据库操作类"的有关方法获取借阅者数据，且在"浏览与管理书目数据界面"中显示已有的借阅者数据。然后调用方法实现删除借阅者，调用"借阅者类"和"数据库操作类"的有关方法实现借阅者数据的删除和更新。

【任务 5-11】绘制新增借阅者数据的活动图

【任务描述】

识别新增借阅数据的对象和活动，使用 Rational Rose 绘制新增借阅者数据的活动图。

【操作提示】

参考绘制书目数据管理活动图的方法绘制新增借阅者数据的活动图，注意绘制新增借阅者数据的活动图时不需要考虑修改借阅者数据和删除借阅者数据的情况。

单元小结

活动图是 UML 对系统的动态行为建模的一种常用工具，它描述用例的活动以及活动间的约束关系，用于识别并行活动和工作流程情况，使用框图的方式显示动作及其结果。

本单元介绍了 UML 活动图的功能、组成元素，重点介绍了 Rational Rose 中绘制活动图的方法。

单元习题

（1）UML 活动图中包含的图形元素主要有（　　）、（　　）、泳道、（　　）、判定和（　　）等。

（2）在 UML 活动图中，（　　）用垂直实线绘出，它明确地表示了哪些活动是由哪些对象进行的。

（3）在 UML 活动图中，动作状态和活动状态的图标没有什么区别，都是（　　　），只是活动状态可以有（　　　），例如可以指定入口动作、出口动作等。

（4）UML 活动图中的动作状态有三种主要特点，即可（　　　）、不可中断的和（　　　）。动作状态是（　　　）的一个特例，如果某个活动状态只包括（　　　）个动作，那么它就是一个动作状态。

（5）简述活动图的组成元素。

（6）简述的活动图泳道的作用。

（7）简述 Rational Rose 中绘制活动图的基本步骤。

单元6

业务处理模块建模

06

每一个管理信息系统除了可以实现诸如用户登录、用户管理、基础数据管理、业务数据管理、数据查询与打印等通用功能之外，其主要功能是实现每个系统专用的业务功能。例如图书管理系统专用的业务功能主要是图书借出与归还，进销存管理系统的专用业务功能主要是商品的采购、入库和销售等。这些系统专有的功能是区别不同管理信息系统的主要标志。本单元主要实现"图书借出""图书归还"等模块的建模。

本单元主要介绍状态机图、通信图的绘制。状态机图用于对系统进行动态建模，通过对类对象的生存周期建立模型来描述对象随时间变化的动态行为。通信图强调发送和接受消息的对象之间的结构组织，对象之间的链接以及对象之间传递的消息。

教学导航

教学目标	（1）理解状态机、状态与状态机图的区别 （2）熟悉 UML 状态机图的组成与描述方法 （3）熟悉 UML 通信图的构成 （4）学会构思状态机图与通信图 （5）学会在 Rational Rose 中绘制状态机图与通信图 （6）认识 UML 时序图、交互概况图和组合结构图
教学重点	（1）状态机、状态与状态机图的区别 （2）UML 状态机图的组成 （3）UML 通信图的构成 （4）在 Rational Rose 中绘制状态机图与通信图
教学方法	任务驱动教学法、分组讨论法、自主学习法、探究式训练法
课时建议	6 课时

【任务 6-1】绘制图书借出与归还模块的用例图

【任务描述】

（1）创建一个 Rose 模型，将其命名为"06 业务处理模块模型"，且保存在本单元对应的文件夹中。

（2）分析"图书借出与归还"业务处理模块的功能需求、参与者和用例，使用 Rational Rose 绘制"图书借出与归还"业务处理模块的用例图。

【操作提示】

（1）启动 Rational Rose。如果 Rational Rose 已启动，可以单击菜单【File】→【New】，或者单击"标准"工具栏中的【New】按钮 ❑，创建一个新的 Rose 模型。

（2）保存 Rose 模型。单击菜单【File】→【Save】，或者单击工具栏中的【Save】按钮 🖫。如果是创建模型之后的第一次保存操作，则会弹出一个【Save As】对话框，在该对话框选择模型文件的保存位置，且输入模型文件名称"06 业务处理模块模型"，然后单击【保存】按钮即可。

（3）"图书借出与归还"业务处理模块的主要功能有借出图书、归还图书和续借图书等，其中续借图书又包括凭书续借和凭证续借。图书借出与归还主要由图书借阅员完成。

供参考的图书借出与归还模块的用例图如图 6-1 所示。

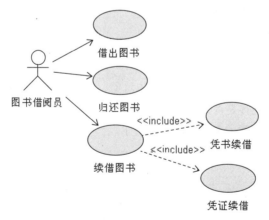

图 6-1　供参考的图书借出与归还模块的用例图

【任务 6-2】绘制图书借出类的类图

【任务描述】

设计图书管理系统业务处理模块的"图书借出类"，且使用 Rational Rose 绘制"图书借出类"的类图。

【操作提示】

"图书借出类"的主要属性有借阅ID、借阅者编号、图书条码、借出日期、应还日期、续借次数、图书借阅员等。"图书借出类"的主要方法有获取借阅者数据、获取图书数据、获取图书借阅数量、获取图书借阅数据、获取超期未还数据、判断是否有超期未还图书、新增借阅信息、修改现有图书数量等。

供参考的图书借出类的类图如图6-2所示。

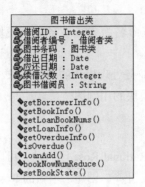

图6-2　供参考的图书借出类的类图

【任务6-3】绘制图书借出界面类的类图

【任务描述】

设计图书管理系统业务处理模块的"图书借出界面类"，且使用 Rational Rose 绘制"图书借出界面类"的类图。

【操作提示】

"图书借出界面类"的主要方法有创建窗体对象、获取借阅者数据、获取图书数据、执行借阅操作、修改借阅数据、检查是否为空等。

供参考的图书借出界面类的类图如图6-3所示。

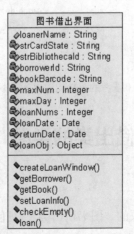

图6-3　供参考的图书借出界面类的类图

【任务6-4】绘制图书借出的顺序图

【任务描述】

分析图书管理系统业务处理模块的"图书借出"所涉及的类、方法及其实现过程，使用 Rational Rose 绘制图书借出的顺序图。

【操作提示】

图书借出涉及的参与者是图书借阅员，涉及的类有"图书借出界面类""图书借出类"和"数据库操作类"。调用"图书借出界面类"的方法创建窗口界面，调用"图书借出界面类""图书借出类"和"数据库操作类"的有关方法获取借阅者数据和图书数据。然后调用有关方法实现图书借出、修改图书现有数量、设置图书状态和重新获取借阅数据等。

供参考的图书借出顺序图如图6-4所示。

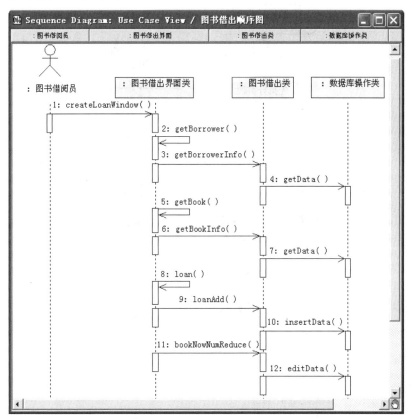

图6-4　供参考的图书借出顺序图

【任务6-5】绘制图书借出的活动图

【任务描述】

分析图书管理系统中"图书借出"的动作状态或活动状态、决策以及各个状态的转换，使用

Rational Rose 绘制图书借出的活动图。

【操作提示】

图书借出过程主要涉及以下活动或动作：选择借阅者、显示已借图书信息、选择图书、执行借书操作、修改图书现有数量、设置图书状态、重新显示已借书信息。还会涉及以下决策判断：判断借阅者是否有超期未还图书，如果有超期未还图书，则要先执行罚款操作。判断借书证状态，对于无效借书证不能执行借书操作，无效借书证主要指借书证过期失效、借书证已挂失、借书数量超出了限制数量等。

供参考的图书借出活动图如图 6-5 所示。

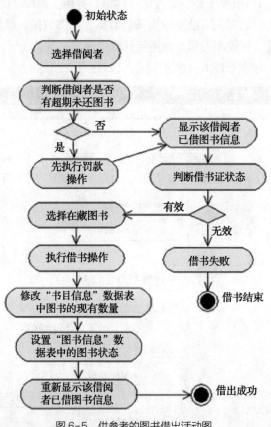

图 6-5　供参考的图书借出活动图

引例探析

固定电话的状态机图如图 6-6 所示，该图描述了固定电话的各个状态及转换关系。

【试一试】

我们使用计算机工作一般要经过以下几个状态：开机、计算机启动、工作中、空闲和关机，绘制状态机图描述计算机如何从启动状态到关机状态，以及如何从工作状态到空闲状态。

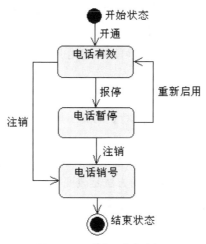

图 6-6 固定电话的状态机图

1. 认知 UML 的状态机图

状态机图（State Diagram）是系统分析的一种常用工具，它描述了一个对象在其生命周期内所经历的各种状态，以及状态之间的转换，发生转换的原因、条件，以及转换中所执行的活动。状态机图用于指定对象的行为以及根据不同的当前状态行为之间的差别。同时，它还能说明事件是如何改变一个类对象的状态。通过状态机图可以了解一个对象所能到达的所有状态以及对象收到的事件（收到的消息、超时、错误和条件满足等）对对象状态的影响等。

（1）状态机概述

状态机是展示状态与状态转换的图。在计算机科学中，状态机的使用非常普遍：在编译技术中通常使用有限状态机描述词法分析过程；在操作系统的进程调度中，通常用状态机描述进程的各个状态之间的转化关系。此外，在面向对象分析与设计中，对象的状态、状态的转换、触发状态转换的事件、对象对事件的响应都可以用状态机来描述。

UML 用状态机对软件系统的动态特征建模。通常一个状态机依附于一个类，并且描述一个类的实例（即对象）。状态机包含了一个类的对象在其生命周期内所有状态的序列以及对象对接收到的事件所产生的反应。

利用状态机可以精确地描述对象的行为：从对象的开始状态起，开始响应事件并执行某些动作，这些事件引起状态的转换；对象在新的状态下又开始响应状态和执行动作，如此连续直到终止状态。

UML 的状态机由状态、转换、事件、动作和活动组成。

① 状态表示一个模型在其生存周期内的状况，如满足某些条件、执行某些操作或等待某些事件。

② 转换表示两个不同状态之间的联系，事件可以触发状态之间的转换。

③ 事件是在某个时间产生的，可以触发状态转换，例如信号、对象的创建和销毁、超时，以及条件的改变等。

④ 动作是一个可执行的原子计算，它导致状态的变更或者返回一个值。

⑤ 活动是在状态机中进行的一个非原子的执行，由一系列动作组成。

状态机不仅可以用于描述类的行为，也可以描述用例、方法甚至整个系统的动态行为。

（2）状态机图概述

状态机图是对类所描述事件的补充说明，它显示了类的所有对象可能具有的状态，以及引起状态变化的事件。状态机图仅用于具有下列特点的类：具有若干个确定的状态，类的行为在这些状态下会受影响且被不同的状态改变。

在系统中，当系统和用户（也可能是其他系统）交互的时候，组成系统的对象为了适应交互要经历必要的变化。一种表征系统变化的方法是改变了自己的状态以响应事件和时间的流逝。UML 状态机图就是展示这种变化的工具，它描述了一个对象所处的可能状态及状态间的转移，并给出了状态变化序列的起点和终点。

状态机图描述一段时间内对象所处的状态和状态的变化。状态的 UML 图标是一个圆角矩形，状态转移用状态之间的有向连线表示。UML 状态机图帮助系统分员、设计员和开发人员理解系统中的对象的行为。类图和对象图只展示了系统的静态方面，它们展示的是系统静态层次和关联，并能够说明系统的行为是什么，但它们不能说明这些行为的动态细节。

对象从产生到结束可以有很多不同的状态。状态影响对象的行为，如果这些状态的数目可以计算，则能够用状态机图针对对象的行为进行建模。状态机图显示了单个类的生命周期。状态机图可以描述一个特定对象的全部能够存在的状态，还可以描述引起状态转移的事件。一般面向对象技术使用状态机图表示单个对象在其生命周期中的行为。

（3）状态机图的组成

UML 状态机图的图形元素包括：状态、转换、事件、决策和同步等。下面对状态、转换和事件进行介绍。

① 状态。所有对象都具有状态，状态是对象执行了一系列活动的结果。如果发生了某个事件，就会使对象的状态发生变化。状态机图中可以定义以下几种状态：开始状态、结束状态、中间状态和复合状态。

开始状态是状态机图起点的描述，而结束状态则是状态机图终点的描述，其图形表示如图 6-7 所示。

每个状态机图都应有一个开始状态，此状态代表状态机图的起始位置。开始状态只能作为转换的源，而不能作为转换的目标。在一个状态机图中起始状态只允许有一个。

结束状态是状态机图的终止点，只能作为转换的目标，而不能作为转换的源。在一个状态机图中结束状态可以有多个。

中间状态表示一个对象在其生命周期中的一种状态，中间状态的图形表示如图 6-7 所示。

中间状态可以包括两个区域：名字域和内部转移域，内部转移域是可选的，其中所列的动作将在对象处于该状态时执行，且该动作的执行并不改变对象的状态。

一个状态能够进一步被细化成多个子状态，复合状态就是这些可以进一步细化的状态。子状态之间有两种关系，即"或关系"和"与关系"。

"或关系"指在某一时刻只能够到达一个子状态，不能同时到达。例如，一辆汽车的"行驶"状态可以有"高速"和"低速"两个不同的子状态，但在某一时刻汽车要么高速行驶，要么低速行驶，这两种状态只能存在一种。在"行驶"这个复合状态中的"高速"和"低速"两个子状态之间就存在着"或关系"。

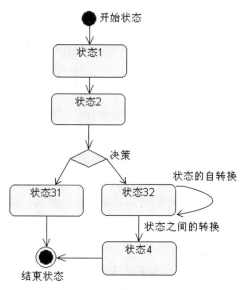

图6-7　状态机图示意

"与关系"指复合状态中在某一时刻能够同时到达多个子状态，也叫并发子状态。状态机图中如果存在并发子状态，就称为并发状态机图。例如，一个处于"行驶"状态的汽车，在"行驶"这个复合状态中"高速、低速"与"向前、向后"两种状态可以同时存在，在某一时刻汽车可以同时高速向前、高速向后、低速向前、低速向后行驶，它们之间就存在"与关系"。

② 转换。转换表示当一个特定事件发生或者某些条件得到满足时，一个源状态下的对象在完成一定的动作后将发生状态转变，转向另一个称之为目标状态的状态。当发生转换时，转换进入的状态称为活动状态，转换离开的状态变为非活动状态。一个转换一般包括源状态、目标状态、触发事件、监护条件和动作五个部分。

一般由于事件触发状态的转换，应在转换上标出触发转换的事件表达式。如果转换上没有标明事件，就表示在源状态的内部活动执行完后自动触发转换。

③ 事件。事件表示在某一特定的时间或空间出现的能够触发状态改变的变化，例如接收到的从一个对象对另一个对象发送的信号、某些值的改变或一个时间段的终结。事件有多种，大致可分为入口事件、出口事件、动作事件、信号事件、调用事件、时间事件、延迟事件等多种。

2. 认知 UML 的通信图

顺序图主要描述系统各组成部分之间交互的次序，用于说明系统的动态视图。通信图则从另一个角度描述系统对象之间的链接，也是用于说明系统的动态视图。

（1）通信图概述

通信图主要用于显示系统之间需要哪些链接以传递交互的消息。从通信图中可以很容易分辨出要发生交互时需要连接哪些系统对象。在顺序图中，消息在系统对象之间传递暗示了系统对象之间存在链接。通信图提供了一种直觉的方法来显示系统对象之间组成交互的事件所需的链接。

与顺序图一样，通信图也表示对象之间的交互关系，顺序图描述随着时间的变化对象之间交互的各种消息，通信图侧重于描述哪些对象之间有消息传递，而不像顺序图那样侧重于在某种特定的情形下对象之间传递消息的时序性。也就是说，顺序图强调的是交互的时间顺序，而通信图强调的是交互的情况和参与交互的对象。顺序图按照时间顺序布图，而通信图按照空间组织布图。

UML 中的通信图和顺序图是最常用的交互图类型，顺序图和通信图在语义上是等价的，所以可以先从一种交互图进行建模，然后再将其转换成另一种图，而且在转换中不会丢失信息。

（2）通信图的构成

UML 通信图的图形元素主要包括对象、链接和消息流。

① 对象。在通信图中，系统的交互由对象完成，但是无法表示对象的创建和撤销，对象在通信图中的位置没有限制。通信图中的对象可以有三种表示形式，如图 6-8 所示。其中，第一种表示法对象实例是未指定对象所属的类，这种标记符说明实例化对象的类在该模型中未知或不重要。第二种表示法完全限定对象，包含对象名和对象所属的类名，这种表示法用来引用特有的、唯一的、命名的对象。第三种表示法只指定了类名，而未指定对象名，这种表示法表示类的通用对象名。

图 6-8　通信图中对象的三种表示形式

② 链接。链接用于在通信图中传输或实现消息的传递，链接以连接两个参与者的单一线条表示。链接的目的是让消息在不同系统对象之间传递。没有链接，两个对象之间无法彼此交互。

③ 消息流。在通信图的链接线上，可以用带有消息串的消息流来描述对象间的交互。消息流的箭头指明消息的流动方向。消息串说明消息的参数、消息的返回值以及消息的序列号等信息。通信图的对象、链接、消息流之间的关系如图 6-9 所示。

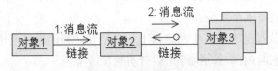

图 6-9　通信图示意图

为了说明交互过程中消息流的时间顺序，需要给消息添加顺序号。顺序号是消息的一个数字前缀，是一个整数，由 1 开始递增，每个消息都必须有唯一的顺序号。

3. 认知 UML 的时序图

顺序图着重于消息次序，而通信图则集中处理系统对象之间的链接，但是这些交互图没有为详细时序信息建模。例如，有一个必须在少于 5s 的时间内完成的交互过程。对于这类信息建模交互时，虽然可以用其他方法为交互的准确时间建模，但使用时序图更为合适。时序图最常应用于实时或嵌入式系统的开发中。

在时序图中，每个消息都有与其相关的时间信息，准确描述了何时发送消息，消息的接收对象会花多长时间收到该消息，以及消息的接收对象需要多少时间处于某特定状态等。虽然在描述系统交互时，顺序图和通信图非常相似，但时序图则增加了全新的信息，且这些信息不容易在其他 UML 交互图中表示。

时序图显示系统内各对象处于某种特定状态的时间，以及触发这些状态发生变化的消息。构造一个时序图最好的方法是从顺序图提取信息，按照时序图的构成原则，相应添加时序图的各构成部件。时序图与顺序图、通信图一样，都是用于描述系统特定情况下各对象之间的交互。因此，在创建时序图时，首要任务是创建该用例所涉及到的系统对象，从顺序图可以很容易找出系统对象，构造时序图时，可以将这些对象以时序图中的表示方法添加到时序图。由于篇幅限制，本单元不再介绍时序图的绘制方法，请读者参考相关书籍。

4. 认知 UML 的交互概况图和组合结构图

交互概况图将各种不同的交互结合在一起，形成针对系统某种特定要点的交互整体图。交互概况图的外观与活动图类似，只是将活动图中的动作元素改为交互概况图的交互关系。如果交互概况图内的一个交互涉及时序，则使用时序图；如果概况图中的另一个交互可能需要关注消息次序，则可以使用顺序图。交互概况图将系统内单独的交互结合起来，并针对每个特定交互使用最合理的表示法，以显示出它们如何协同工作来实现系统的主要功能。

交互概况图不仅外观上与活动图类似，而且在理解上也可以以活动图为标准，只是以交互代替了活动图中的动作。交互概况图中每个完整的交互都根据其自身的特点，以不同的交互图来表示。

组合结构图显示了各对象如何创建一张整体的图，以及各对象之间如何协同工作达成目标建模。组合结构图为系统各部分提供视图，并且形成系统模型逻辑视图的一部分。

方法指导

状态机图的描述方法如下所示。

状态机图由表示状态的节点和表示状态之间转换的带箭头的直线组成，若干个状态由一条或者多条转换箭头连接，状态的转换由事件触发。

（1）状态：用一个圆角矩形表示，框内标有状态的名称和其他信息。

（2）转换：用带箭头的直线表示，从出发状态指向目标状态。

（3）开始状态：开始状态是状态机图的起点，用实心圆表示。

（4）结束状态：终始状态是状态机图的终点，用一个圆中套一个小实心圆表示。

（5）判定：判定是状态机图中一个特定的位置，工作流在此按条件取值发生分支，用一个空心小菱形表示。

（6）同步：同步定义了并发工作流的分叉（Fork）与汇合（Join），同步用一条粗短实线表示，分叉的示意图如图 6-10 所示，汇合的示意图如图 6-11 所示。

图 6-10　状态的分叉示意图　　　　　　图 6-11　状态的汇合示意图

【任务 6-6】绘制图书的状态机图和图书借出的通信图

【任务描述】

（1）绘制图书管理系统中图书的状态机图。

（2）绘制图书管理系统中图书借出的通信图。

【任务实施】

1. 构思图书管理系统中图书的状态机图

图书管理系统中的图书主要有四种状态：新书进入流通状态、待借出状态、已借出状态、退出流通状态。对于购买的新书，图书管理员编制条码，完成入库操作后，图书进入流通状态。图书管理员将已编制条码的图书存放到规划的藏书地点，即图书上架，此时图书进入待借出状态。当读者将图书借出后，图书便进入已借出状态；当读者归还所借图书后，图书又返回到待借出状态。由于图书被丢失或损坏不能继续借阅，便退出流通，有些图书可能因为特殊原因也会退出流通，此时图书进入退出流通状态。

2. 绘制图书管理系统中图书的状态机图

（1）创建状态机图

在 Rational Rose【模型浏览】窗口 "Logical View" 节点对应的行单击鼠标右键，弹出快捷菜单，在快捷菜单中单击选择菜单项【New】→【Statechart Diagram】，如图 6-12 所示，此时在【模型浏览】窗口的 "Logical View" 节点下添加了一个名称为 "State/Activity Model" 的包，且在其中添加了一个默认名称为 "NewDiagram" 的项，直接输入新的名称 "图书的状态机图" 即可，如图 6-13 所示。

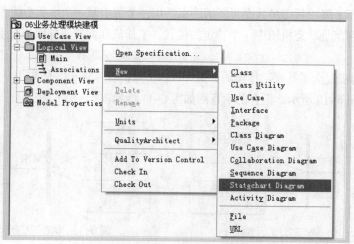

图 6-12　创建状态机图的快捷菜单

图 6-13　创建一个新的状态机图

（2）显示状态机图【编辑】窗口

双击【模型浏览】窗口中的"Logical View"节点中"State/Activity Model"包中的项"图书的状态机图"，显示状态机图【编辑】窗口，如图 6-14 所示。

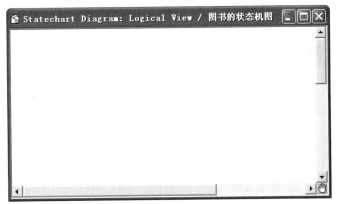

图 6-14　状态机图的【编辑】窗口

（3）添加开始状态

每一个状态机图都至少有一个开始状态。单击选择编辑工具栏上的【Start State】按钮 ，然后在状态机图【编辑】窗口中要绘制开始状态的位置单击鼠标左键，添加一个开始状态，如图 6-15 所示。

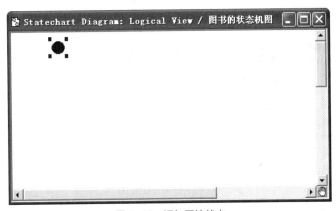

图 6-15　添加开始状态

在【编辑】窗口双击开始状态图标，弹出属性对话框，在"Name"文本框中输入"开始状态"，如图 6-16 所示。然后单击【OK】按钮关闭对话框，返回状态机图的【编辑】窗口，如图 6-17 所示。

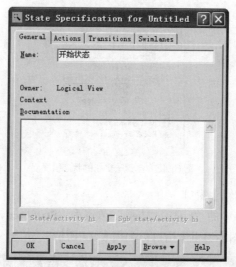

图 6-16 设置开始状态的属性

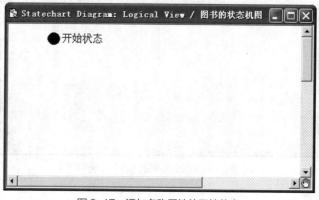

图 6-17 添加名称属性的开始状态

（4）添加状态

单击选择【编辑】窗口编辑工具栏上的【State】按钮 ，然后在状态机图【编辑】窗口中要绘制状态的位置单击鼠标左键，添加一个状态，接着输入相应的状态名称"新书进入流通"，如图 6-18 所示。

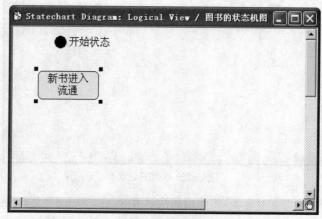

图 6-18 在状态机图的【编辑】窗口绘制一个状态

按照类似的方法,绘制其他各个状态,状态名称分别为"新书进入流通""图书待借出状态""图书已借出状态""图书退出流通",如图 6-19 所示。

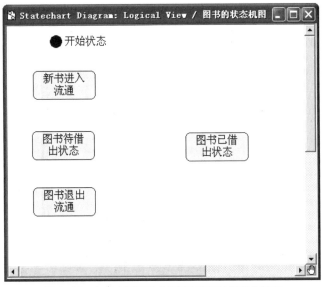

图 6-19　在状态机图的【编辑】窗口绘制多个状态

（5）设置状态的属性

在状态机图【编辑】窗口双击状态机图标,打开设置状态属性的对话框,在该对话框中可以修改状态的 Name（名称）、Documentation（文档说明）等属性,修改结果如图 6-20 所示。

图 6-20　修改状态的属性

（6）添加结束状态

每一个状态机图都有一个结束状态,单击选择编辑工具栏上的【End State】按钮，然后在状态机图【编辑】窗口中要绘制结束状态的位置单击鼠标左键,在【编辑】窗口添加一个结束状态。在【编辑】窗口双击"结束状态"的图标,在弹出的对话框中设置结束状态的"Name",如图 6-21 所示。然后单击【OK】按钮关闭对话框,返回状态机图的【编辑】窗口,如图 6-22 所示。

图 6-21　设置结束状态的属性

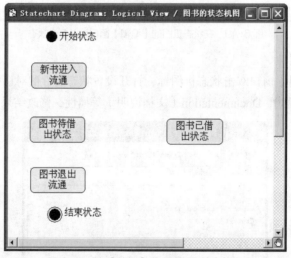

图 6-22　在【编辑】窗口绘制的结束状态

UML软件建模任务驱动教程（第3版）

状态机图中的状态添加完成后，在【模型浏览】窗口"State/Activity Model"文件夹中显示的状态如图 6-23 所示。

（7）添加状态之间的转换

单击选择【编辑】窗口编辑工具栏中【State Transition】按钮⤢,在状态机图的【编辑】窗口"开始状态"处按下鼠标左键，然后按住左键拖动鼠标

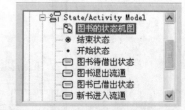

图 6-23　【模型浏览】窗口"State/Activity Model"文件夹中显示的状态

到另一个状态"新书进入流通"处，此时出现一根虚线，松手后在"开始状态"与"新书进入流通"状态之间添加了转换。

同样，单击【State Transition】按钮⤢后，在转换的源状态处（如"新书进入流通"）单击，然后按住鼠标左健拖动鼠标到另一个目标状态（如"图书待借出状态"）处，此时出现一根虚线，

松手后在两个状态之间添加了一条表示转换的直线。

按照同样的方法在各个状态之间添加转换，结果如图 6-24 所示。

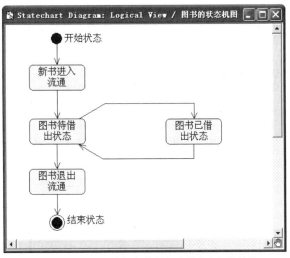

图 6-24　绘制状态机图中的各个状态之间的转换

 说明

在各个状态之间绘制折线的方法与活动图相同，参考单元 5。

（8）添加转换的事件

事件导致对象从一种状态转换到另一种状态，在状态机图的【编辑】窗口双击已添加的转换图标，弹出【State Transition Specification】对话框，在该对话框的【General】选项卡中，在 "Event" 文本框中输入触发转换的事件，例如 "编制条码与图书入库"，在 "Argument" 文本框中可以添加事件的参数，在【Documentation】文本框中可以添加对事件的描述，例如 "对每一本新购买的图书编制条码，完成入库操作后，图书进入流通状态。"，如图 6-25 所示。

图 6-25　在【State Transition Specification】对话框的【General】选项卡中设置转换的属性

单击【Detail】选项卡，如图 6-26 所示，在该选项卡的"Action"文本框中输入转换过程中发生的动作。

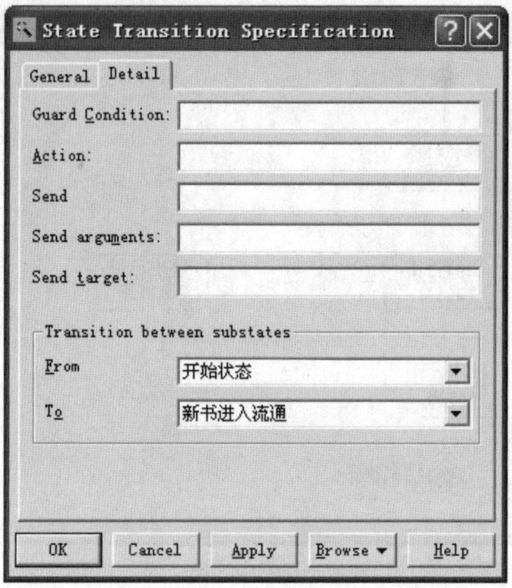

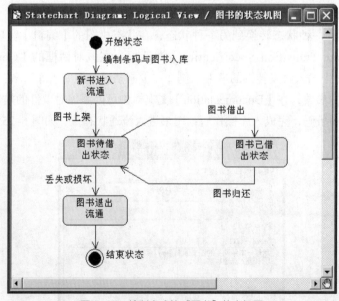

图 6-26 在【State Transition Specification】对话框的【Detail】选项卡中设置转换过程的动作

（9）完善状态机图

对状态机图中各个状态、转换、事件的位置进行适当调整，将状态机图中的文字大小设置为"10"。最终的"图书"的状态机图中如图 6-27 所示。

图 6-27 绘制完成的"图书"状态机图

（10）保存绘制的状态机图

单击菜单【File】→【Save】，或者单击工具栏中的【Save】按钮 🖫 保存所绘制的状态机图。

3. 构思图书管理系统中图书借出的通信图

图书借出所涉及的对象主要有图书借阅员、图书借出界面、图书借出类、数据库操作类，主要操作过程和通信路径如下。

（1）图书借阅员执行借出图书操作，系统发送创建界面的消息，图书借出界面创建并显示后，界面发送获取借阅者信息的消息，然后向图书借出类发送获取借阅者信息的消息，接着向数据库操作类发送从数据表提取数据的消息。数据库操作类收到消息后，从后台数据表中提取所需的借阅者数据后返回到图书借出界面。

（2）界面发送获取图书信息的消息，然后向图书借出类发送获取图书信息的消息，接着向数据库操作类发送从数据表提取数据的消息。数据库操作类收到消息后，从后台数据表中提取所需的图书数据后返回到图书借出界面。

（3）界面发送借出操作的消息，然后向图书借出类发送增加借阅记录的消息，接着向数据库操作类发送向数据表插入记录的消息。数据表执行记录插入和更新操作后，返回借出成功的消息。

4. 绘制图书管理系统中图书借出的通信图

（1）建立新的通信图

在 Rational Rose【模型浏览】窗口"Use Case View"节点对应的行单击鼠标右键，在弹出的快捷菜单中选择【New】选项，然后单击下一级菜单项【Collaboration Diagram】，如图 6-28 所示。此时，在"Use Case View"节点下添加了一个默认名称为"NewDiagram"的项，如图 6-29 所示。输入一个新的通信图名称"图书借出通信图"，如图 6-30 所示。

图 6-28　创建通信图的快捷菜单

图 6-29　通信图的默认名称

图 6-30　通信图的重命名

如果需要修改通信图的命名，可以鼠标右键单击待修改的通信图名称，在弹出的快捷菜单中单击【Rename】，通信图的名称进入编辑状态，输入新的名称即可。

（2）显示通信图的【编辑】窗口和编辑工具栏

双击【模型浏览】窗口中的"Use Case View"节点中的项"图书借出通信图"，显示通信图【编辑】窗口和编辑工具栏。

（3）添加一个类对象

单击编辑工具栏中的【Object】按钮口，然后在通信图【编辑】窗口要绘制对象的位置单击鼠标左键，添加一个无名对象，如图 6-31 所示。

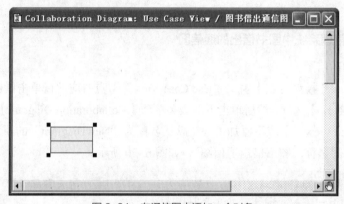

图 6-31　在通信图中添加一个对象

双击该对象的图标，打开【Object Specification for Untitled】对话框，在该对话框中的"Name"文本框中输入对象的名称"图书借出界面"，在"Class"下拉列表框中选择类"图书借出界面类"，在"Documentation"文本框中输入说明文本"在图书借出界面进行图书借出操作"，如图 6-32 所示。然后单击【OK】按钮，设置属性后的对象图标如图 6-33 所示。

图 6-32　设置通信图中对象的属性

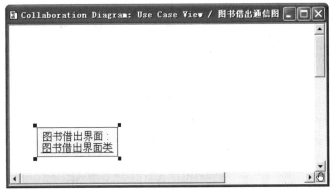

图 6-33　设置属性后的对象图标

（4）添加一个参与者对象

单击编辑工具栏中的【Object】按钮 ▣，然后在通信图【编辑】窗口要绘制对象的位置单击鼠标左键，此时在编辑添加了第二个无名对象。

双击该对象的图标，打开【Object Specification for Untitled】对话框，在该对话框 "Class" 下拉列表框中选择参与者 "图书借阅员"，如图 6-34 所示。

图 6-34　在【Object Specification for Untitled】对话框中选择对象所属的类

然后单击【OK】按钮，此时【编辑】窗口中的对象图标变成 形状，如图 6-35 所示。

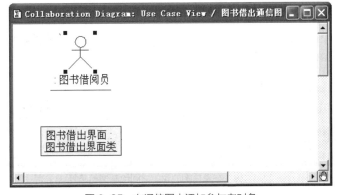

图 6-35　在通信图中添加参与者对象

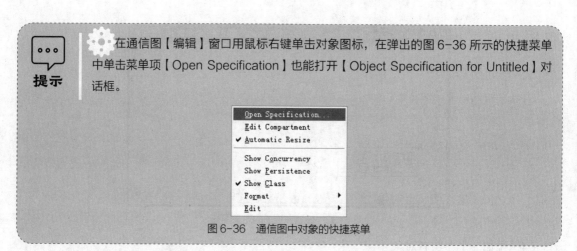

提示 　在通信图【编辑】窗口用鼠标右键单击对象图标，在弹出的图 6-36 所示的快捷菜单中单击菜单项【Open Specification】也能打开【Object Specification for Untitled】对话框。

图 6-36　通信图中对象的快捷菜单

按照类似的方法添加其他两个对象，注意在图 6-34 所示的【Object Specification for Untitled】对话框中"Class"文本框的内容分别为"图书借出类"和"数据操作类"。调整通信图中各个对象的位置和对象图标的尺寸，设置各个对象名称的文字大小为"10"。图书借出通信图中的对象如图 6-37 所示。

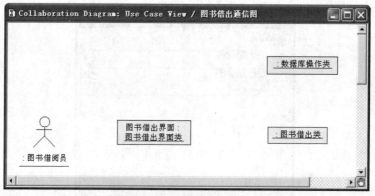

图 6-37　图书借出通信图中的 4 个对象

（5）添加对象之间的通信路径

单击编辑工具栏中的【Object Link】按钮，然后在两个对象之间拖动鼠标绘制一条直线，此时在对象之间添加了通信路径，如图 6-38 所示。

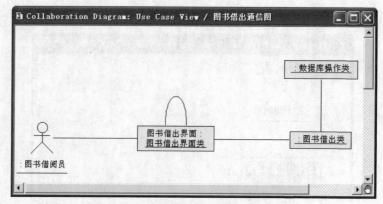

图 6-38　在通信图的对象之间绘制通信路径

单击编辑工具栏中的【Link to Self】按钮 ⟲ ,然后单击对象"图书借出界面：图书借出界面类"，这样此对象增加一个到它自身的通信路径。反身通信路径在对象的上方，显示为半圆形，如图6-38所示。

（6）添加对象间的消息

单击编辑工具栏中的【Link Message】按钮 ✐ 或者【Reverse Link Message】按钮 ✐ ，然后单击"：图书借阅员"和"图书借出界面：图书借出界面类"这两个对象之间的通信路径，就会绘制出消息箭头，且自动给消息添加顺序号。

接着单击编辑工具栏中的【Link Message】按钮 ✐ ，然后在"：图书借出界面"对象的反身通信路径上单击，为对象添加反身消息。

接着分别为其他两个通信路径绘制消息箭头，结果如图6-39所示。

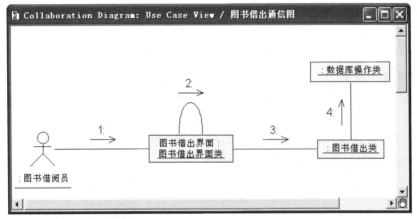

图6-39　在通信图的对象之间添加消息

双击表示消息的箭头，在弹出的对话框中的"Name"下拉列表框中选择一个方法"createLoanWindow()"或者输入消息上要显示的文本，如图6-40所示。

图6-40　添加消息内容

然后单击对话框的【OK】按钮关闭该对话框，在对象之间添加的消息内容如图6-41所示。

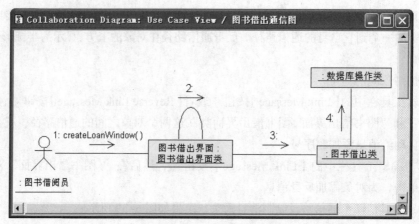

图 6-41　为消息 1 添加内容

为反身消息添加多个消息内容的方法如下。

在通信图中鼠标右键单击数字"2"或者该数字下方的箭头，弹出图 6-42 所示的快捷菜单，在该快捷菜单中单击选择方法"getBorrower()"。

在"图书借出界面：图书借出界面类"对象与"：图书借出类"对象之间添加多个消息内容的方法如下。

在通信图中鼠标右键单击数字"3"或者该数字下方的箭头，弹出图 6-43 所示的快捷菜单，在该快捷菜单中单击选择方法"getBorrowerInfo()"。

图 6-42　为反身消息 2 添加内容的快捷菜单

图 6-43　为消息 3 添加内容的快捷菜单

按同样的方法，依次添加各个消息，其顺序依次为"1:createLoanWindow()"→"2:getBorrower()"→"3:getBorrowerInfo()"→"4:createTable()"→"5:getBook()"→"6:getBookInfo()"→"7:createTable()"→"8:loan()"→"9:loanAdd()"→"10:insert()"。

添加多个消息的通信图如图 6-44 所示。

（7）添加数据流

数据流描述通信图中一个对象向另一个对象发送消息时返回的消息。一般来说，对通信图的每个消息都加上数据流是不必要的，这样会使通信图中堆满价值不大的信息。只要在一些重要消息上附加数据流即可。

单击编辑工具栏中的【Data Token】按钮 ✐ 或者【Reverse Data Token】按钮 ✐，然后在通信图中单击要返回数据的消息，就会在通信图中添加数据流箭头，如图 6-45 所示。

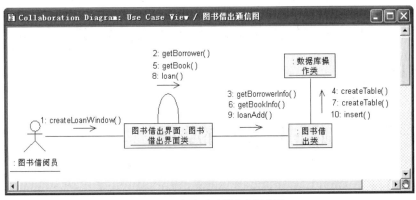

图 6-44 添加多个消息的通信图

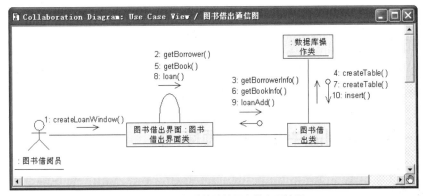

图 6-45 添加数据流的图书借出通信图

【知识链接】

顺序图与通信图同属于交互图，在实际设计中，只要绘制其中的一种图，选择已绘制一种图后按 F5 键，就能自动创建另一种图。例如对于已绘制好的"图书借出顺序图"，单击选中该顺序图，然后按 F5 键，就能自动创建同名的通信图，将该通信图的名称修改为"图书借出通信图 2"，双击该通信图打开【图书借出通信图 2】窗口，如图 6-46 所示。

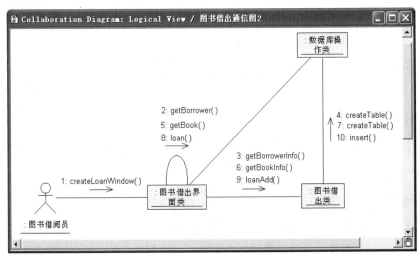

图 6-46 由"图书借出顺序图"自动转换的通信图

（8）保存绘制的通信图

单击菜单【File】→【Save】，或者单击工具栏中的【Save】按钮💾保存所绘制的通信图。

 同步训练

【任务 6-7】绘制图书归还类的类图

【任务描述】

设计图书管理系统业务处理模块的"图书归还类"，且使用 Rational Rose 绘制"图书归还类"的类图。

【操作提示】

"图书归还类"的主要属性有借阅者编号、图书条码、图书借阅员等。主要方法有获取图书借阅数据、修改图书借阅数据、修改图书的现存数量和设置图书状态等。

【任务 6-8】绘制图书归还的顺序图

【任务描述】

分析图书管理系统业务处理模块的"图书归还"所涉及的类、方法及其实现过程，使用 Rational Rose 绘制图书归还的顺序图。

【操作提示】

图书归还涉及的参与者是图书借阅员，涉及的类有"图书归还界面类""图书归还类"和"数据库操作类"。调用"图书归还界面类"的方法创建窗口界面，调用"图书归还界面类""图书归还类"和"数据库操作类"的有关方法获取图书借阅数据。然后调用有关方法实现图书归还、修改图书现有数量、设置图书状态和重新获取图书借阅数据等。

【任务 6-9】绘制图书归还的活动图

【任务描述】

分析图书管理系统中"图书归还"的动作状态或活动状态、决策及各个状态的转换，使用 Rational Rose 绘制图书归还的活动图。

【操作提示】

图书归还过程主要涉及以下活动或动作：显示已借图书信息、选择待归还图书、执行归还图书操作、修改图书现有数量、设置图书状态、重新显示已借书信息。还会涉及以下决策判断：判

断图书是否超期,如果图书已超期,则要先执行罚款操作。判断图书是否被损坏,如果图书被损坏,则先执行处罚,然后执行归还操作。

【任务 6-10】绘制借书证的状态机图

【任务描述】

分析图书管理系统中借书证的主要状态,使用 Rational Rose 绘制借书证的状态机图。

【操作提示】

借书证的主要状态有:有效状态、挂失状态、无效状态。

单元小结

状态机图是对类所描述事件的补充说明,它显示了类的所有对象可能具有的状态,以及引起状态变化的事件。通信图主要用于显示系统之间需要哪些链接以传递交互的消息。从通信图中可以很容易分辨出要发生交互时需要连接哪些系统对象。

本单元介绍了 UML 状态机图的组成与描述方法,介绍了 UML 通信图的基本概念与构成,还介绍了 UML 的时序图、交互概况图和组合结构图。重点介绍了 Rational Rose 中状态机图和通信图的绘制方法。

单元习题

(1)UML 的状态机图的图形元素主要包括(　　　)、转换、(　　　)、决策和(　　　)。

(2)UML 中用状态机对软件系统的(　　　)特征建模,通常一个状态机依附于一个类,并且描述一个类的实例。

(3)UML 通信图的图形元素主要包括(　　　)、链接和(　　　)。通信图也展示了对象之间的交互关系,强调的是交互的情况和参与交互的对象。

(4)通信图和顺序图只是从不同的观点反映系统的(　　　)模型,通信图较顺序图而言,能更好地显示(　　　)与对象,以及它们之间的消息链接。

(5)顺序图与通信图同属于交互图,在 Rational Rose 中,只要绘制其中的一种图,选择已绘制的一种图后按(　　　)键,就能自动创建另一种图,而且在转换的过程中不会丢失信息。

(6)UML 中处理交互时间上的约束常用(　　　)图,这对实时系统的建模尤其有用。

(7)时序图显示系统内各对象处理某种特定状态的(　　　),以及触发这些状态变化的(　　　)。

(8)UML 中,(　　　)图将各种不同的交互结合在一起,并针对每个特定交互使用最合理的表示方法,以显示出它们如何协同工作来实现系统的主要功能。

(9)UML 中,(　　　)图显示了诸对象如何创建一张整体的图像,以及各个对象之间如何协同工作达成目标建模。

(10)根据以下关于使用电话的场景描述,创建状态机图和通信图。

电话初始时处于挂断状态。当电话铃响起或者有人拿起听筒时,电话处于激活状态。如果电话铃响起，它将持续响铃，直到有人拿起听筒并开始交谈。当一方挂断电话之后，交谈结束。如果有人想打电话，需要先拿起听筒并听到有信号声音，然后开始拨号直到输入正确的电话号码，接着开始建立与对方之间的远程连接。如果对方电话处于占线状态，听筒里面会传出忙音。如果对方电话处于空闲状态，则建立两个电话之间的连接，对方电话铃响起，直到有人拿起听筒。对方拿起听筒便可以进行交谈，直到有一方挂断电话。

（11）简述 Rational Rose 中绘制状态机图的基本步骤。

（12）简述 UML 通信图的组成元素，如何表示时间顺序。

（13）简述 Rational Rose 中绘制通信图的基本步骤。

单元7
C/S应用系统建模

本单元主要分析图书管理系统的建模，重点对图书管理系统的业务需求、功能模块、操作流程、参与者、用例和类进行了详细的分析，构建了图书管理系统的用例图、类图、顺序图、活动图、包图、组件图和部署图。本单元还介绍了数据查询模块，以及条码编制与图书入库模块的建模。

本单元重点介绍的图有包图、组件图和部署图。如果系统中的类很多，则对这些类按相关性进行打包十分有用，对类进行打包有助于减少模型的复杂性。组件图提供当前模型的物理视图，对系统静态实现视图进行建模。一个组件图可以表示一个系统全部或者部分的组件体系。部署图描述系统运行时节点、组件及其对象的配置，每一个模型都包含一个独立的部署图，显示模型的处理器及其设备之间的连接，以及处理器到处理器的布置。

📄 教学导航

教学目标	（1）熟悉管理信息系统的业务需求、功能模型、操作流程的分析方法 （2）学会识别管理信息系统的参与者、用例和类 （3）学会构建管理信息系统的用例图、类图、顺序图、活动图 （4）熟悉 UML 包图、组件图和部署图的组成 （5）学会用 Rational Rose 绘制包图、组件图和部署图 （6）学会导入与导出 Rational Rose 的模型 （7）学会在 Rational Rose 中发布系统模型
教学重点	（1）识别系统的参与者、用例和类 （2）构建系统的用例图、类图、顺序图和活动图 （3）在 Rational Rose 绘制包图、组件图和部署图
教学方法	任务驱动教学法、分组讨论法、自主学习法、探究式训练法
课时建议	10 课时

【任务 7-1】绘制"数据查询"子模块的用例图

【任务描述】

（1）创建一个 Rose 模型，将其命名为"07 图书管理系统模型"，且保存在本单元对应的文件夹中。

（2）分析"数据查询"子模块的功能需求、参与者和用例，使用 Rational Rose 绘制"数据查询"子模块的用例图。

【操作提示】

（1）启动 Rational Rose。

如果 Rational Rose 已启动，可以单击菜单【File】→【New】，或者单击"标准"工具栏中的【New】按钮 □，创建一个新的 Rose 模型。

（2）保存 Rose 模型。

单击菜单【File】→【Save】，或者单击工具栏中的【Save】按钮 █。如果是创建模型之后的第一次保存操作，则会弹出一个【Save As】对话框，在该对话框选择模型文件的保存位置，且输入模型文件名称"07 图书管理系统模型"，然后单击【保存】按钮即可。

（3）"数据查询"子模块主要包括查询书目数据、查询借阅者数据、查询图书借阅数据和图书超期查询等。系统管理员、图书管理员、图书借阅员和借阅者都有查询数据的权限。

供参考的"数据查询"子模块的用例图如图 7-1 所示。

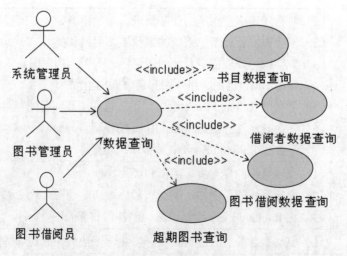

图 7-1　供参考的"数据查询"子模块的用例图

【任务 7-2】绘制"图书借阅查询类"的类图

【任务描述】

设计图书管理系统"图书借阅查询类",且使用 Rational Rose 绘制"图书借阅查询类"的类图。

【操作提示】

"图书借阅查询类"的主要属性有查询条件字串符,主要方法有获取图书借阅数据、根据指定条件获取查询图书借阅数据、获取超期未还图书数据等。

供参考的"图书借阅查询类"的类图如图 7-2 所示。

图 7-2 供参考的"图书借阅查询类"的类图

【任务 7-3】绘制"图书借阅数据查询界面类"的类图

【任务描述】

设计图书管理系统"图书借阅数据查询界面类",且使用 Rational Rose 绘制"图书借阅数据查询界面类"的类图。

【操作提示】

"图书借阅数据查询界面类"的主要方法有创建窗体对象、获取图书借阅数据、根据指定条件获取查询图书借阅数据等。

供参考的"图书借阅数据查询界面类"的类图如图 7-3 所示。

图 7-3 供参考的"图书借阅数据查询界面类"的类图

【任务 7-4】绘制"图书借阅数据查询"的顺序图

【任务描述】

分析图书管理系统"图书借阅数据查询"所涉及的类、方法及其实现过程,使用 Rational Rose 绘制图书管理员查询图书借阅数据的顺序图。

【操作提示】

图书管理员查询图书借阅数据涉及的类有"图书借阅数据查询界面类""图书借阅查询类"和"数据库操作类"。调用"图书借阅数据查询界面类"的方法创建窗口界面,调用"图书借阅数据查询界面类""图书借阅查询类"和"数据库操作类"的有关方法获取图书借阅数据。然后调用有关方法实现根据指定条件查询图书借阅数据。

供参考的"图书借阅数据查询"的顺序图如图 7-4 所示。

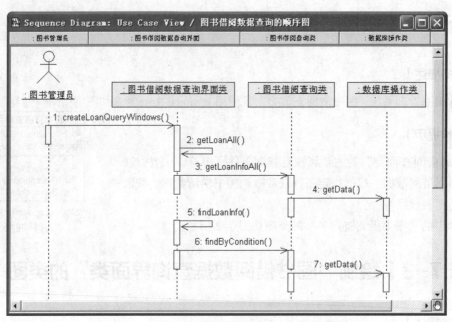

图 7-4 供参考的"图书借阅数据查询"的顺序图

【任务 7-5】绘制"图书借阅数据查询"的活动图

【任务描述】

分析图书管理系统中"图书借阅数据查询"的动作状态或活动状态、决策以及各个状态的转换,使用 Rational Rose 绘制图书借阅数据查询的活动图。

【操作提示】

图书借阅数据查询过程主要涉及以下活动或动作:确定查询方式、选择筛选条件、获取查询结果。

供参考的"图书借阅数据查询"的活动图如图 7-5 所示。

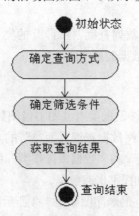

图 7-5 供参考的"图书借阅数据查询"的活动图

为了准确说明汽车的外观形状与结构，我们可以从不同方向进行刻画，汽车外观的多方位视图如图 7-6 所示。

为了准确说明手机的外观形状与结构，我们可以从不同方向进行刻画，手机的六方位视图如图 7-7 所示。

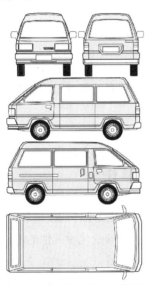

图 7-6　汽车外观的多方位视图

图 7-7　手机的六方位视图

知识疏理

如今，软件越来越复杂，一个程序往往包含了数百个类。那么如何管理这些类就成了一个需要解决的问题。一种有效的管理方式是将类进行分组，将功能相似或相关的类组织在一起，形成若干个功能模块。

在 UML 中，对类进行分组时使用包。大多数面向对象的语言都提供了类似 UML 包的机制，用于组织及避免类之间的名称冲突。例如 Java 中的包机制，C# 中的命名空间。用户可以使用 UML 包为这些结构建模。

1. 包图概述

包图（Package Diagram）是维护和控制系统总体结构的重要建模工具。对复杂系统进行建模时，经常需要处理大量的类、接口、组件和图，这时就有必要将这些元素进行分组，即把语义相近并倾向于同一变化的元素组织起来加同一个包中，以方便理解和处理整个模型。包图由包和包之间的关系组成的，包图模型如图 7-8 所示。

在 UML 中，包的绘制是用两个矩形表示的，一个小矩形和一个大矩形，小矩形紧贴在大矩形的左上角。同其他的建模元素一样，每个包都必须有一个与其他包相区别的名称，包的名称是一个字符串，它有两种形式：简单名和路径名。其

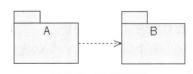

图 7-8　包图示意图

中简单名仅包含一个简单的名称，路径名是以包处于的外围包的名字作为前缀。

包图经常用于查看包之间的依赖性。因为一个包所依赖的其他包若发生变化，该包可能会被破坏，所以理解包之间的依赖性对软件的稳定性至关重要。这里需要注意，包图几乎可以组织所有 UML 元素，而不只是类，例如，包可以对用例进行分组。

UML 中，组件图是系统实现视图的图形表示，而其中的一个组件图只能表示系统实现视图的一部分，也就是说任何一个组件图都不能描述系统实现的所有方面，只有系统中的组件组合起来才能表示完整的系统实现视图。

2. 组件图概述

组件图（Component Diagram）也叫构件图，用于描述软件的各种组件和它们之间的依赖关系。

组件视图包含模型代码库、可执行文件、运行库及其他组件的信息。组件是代码的实际物理模块，系统的组件图用来显示代码模块间的关系。

组件可以有以下几种类型。

（1）源代码组件。一个源代码文件或者与一个包对应的若干个源代码文件。

（2）二进制组件。一个目标码文件，一个静态的或者动态的库文件。

（3）可执行组件。在一台处理器上可运行的一个可执行的程序单位，也就是可执行程序。

组件图可以用来显示编译、链接或执行时组件之间的依赖关系，以及组件的接口和调用关系。组件之间存在依赖关系，利用这种依赖关系可以方便地分析一个组件的变化给其他的组件带来的影响。

与其他图类似，组件图中可以包含注释和约束，也可以包含包或子系统，它们都可以将系统中的模型元素组织成较大的组块。

3. 组件图的组成

组件图中通常包含 3 种元素：组件（Component）、接口（Interface）和组件之间的依赖关系（Dependency）。每个组件实现一些接口，并使用另一些接口。如果组件之间的依赖关系与接口有关，那么可以被具有同样接口的其他组件所替代。

组件图示意图如图 7-9 所示。组件由一个左边嵌两个小矩形的大矩形表示，大矩形中填写组件的名字。接口由一个空心圆表示。组件之间的依赖用一个带箭头的虚线表示。

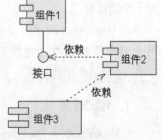

图 7-9　组件图示意图

（1）组件

组件是软件的单个组成部分，它可以是源代码组件、二进制组件或一个可执行的组件等。通常情况下，组件代表了将系统中的类、接口等逻辑元素打包后形成的物理模块。

组件在很多方面与类相同，组件和类的共同点有：两者都有自己的名称，都可以实现一组接口，都可以具有依赖关系，都可以被嵌套，都可以参与交互，都可以拥有自己的实例。它们的区别有：组件描述了软件设计的物理实现，即每个组件体现了系统设计中特定类的实现，而类描述了软件设计的逻辑组织和意图。

每个组件都应有一个名称以标识该组件区别其他组件。组件的名称位于组件图标的内部，如图 7-9 所示。组件的名称通常采用从系统的问题域中抽象出来的名词或名词短语，有时，会依据所使用的目标操作系统添加相应的扩展名，例如 java、dll 等。

通常，UML 图中的组件只显示其名称，但是也可以在组件标识中添加标记值或者表示组件细节的附加栏加以修饰。

在对软件系统进行建模时，会使用以下 3 种类型的组件。

① 配置组件（Deployment Component）。配置组件是运行系统前需要配置的组件，它们是生成可执行文件的基础。例如操作系统、数据库管理系统、Java 虚拟机等都属于配置组件。

② 工作产品组件（Work Product Component）。工作产品组件包括模型、源代码和用于创建配置组件的数据文件，例如 UML 图、动态链接文件、Java 类、JAR 文件和数据表等。

③ 执行组件（Execution Component）。执行组件是在系统运行时创建的组件，是可运行的系统产生的结果。COM+ 组件、.NET 组件、Enterprise Java Beans、Servlets、HMTL 文档和 XML 文档都属于执行组件。

（2）接口

在组件图中也可以使用接口。通过使用接口，组件可以使用其他组件中定义的操作。使用命名的接口，可以避免在系统中各个组件之间直接发生依赖关系，有利于组件的更新。

组件的接口分为两种：导入接口（import interface）和导出接口（export interface），导入接口供访问操作的组件使用，导出接口由提供操作的组件提供。图 7-9 所示的接口，对于组件 1 来说是导出接口，对于组件 2 来说是导入接口。

（3）依赖关系

UML 图中，组件和接口之间不同的连接线表示不同的关系，其中，接口和组件之间用实线连接表示它们之间是实现关系，用虚线连接表示它们之间是依赖关系。依赖关系不仅存在于组件和接口之间，而且存在于组件和组件之间。在组件图中，依赖关系代表了不同组件间存在的关系类型。组件间的依赖关系也用一个一端带有箭头的虚线表示，箭头从依赖的对象指向被依赖的对象。例如，图 7-9 中组件 3 依赖于组件 2。

4. 组件图的应用

组件图可以用来为系统的静态实现视图进行建模，通常情况下，组件图也被看作是基于系统组件的特殊类图。在使用组件图为系统的实现视图进行建模时，可以为源代码建模、为可执行文件建模，为数据库建模等。

（1）为源代码建模

使用不同计算机语言开发的程序具有不同的源代码文件，例如，使用 C++ 语言时，程序的源代码位于 .h 文件和 .cpp 文件中；使用 Java 语言时，程序的源代码位于 .java 文件中。虽然通常情况下由开发环境跟踪文件和文件间的关系，但是，有时候也有必要使用组件图为系统的文件和文件间的关系建模。

在使用组件图为系统的源代码建模时，可将源代码文件建模为构造型为"file"的组件，在建模时可以使用标记值描述源代码文件的一些附加信息，例如作者、创建日期等，可能通过建模组件间的依赖关系来表示源代码文件之间的编译依赖关系。

（2）为可执行文件建模

组件图可以用来描述构成软件系统的组件以及组件之间的关系。在为可执行文件建模时，需要首先找出构成系统的所有组件，然后需要区分不同种类的组件，例如库组件、表组件、可执行组件等，还需要确定组件之间的关系。

（3）为数据库建模

为数据库建模，先识别出代表逻辑数据库模式的类，然后确定如何将这些类映射到表，最后将数据库中的表建模为带有表构造型的组件，为映射进行可视化建模。

5. 部署图概述

部署图（Deployment Diagram）也叫配置图，表示系统的实际部署，与系统的逻辑结构不同，它描述系统在网络上的物理部署。

部署图用来对部署系统时涉及到的硬件进行建模。可以帮助系统的有关人员了解软件中各个组件驻留在什么硬件上，以及这些硬件之间的相互关系，另外，部署图还可以用来描述哪一个软件应该安装在哪一个硬件上。一个系统最多可以有一个部署图。

部署图用来描述系统硬件的物理拓扑结构以及在此结构上执行的软件。部署图可以显示计算节点的拓扑结构和通信路径、节点上运行的软件、软件包含的逻辑单元（对象、类等）特别是对于分布式系统来说，部署图可以清楚地描绘硬件设备的配置、通信以及在各设备上软件和对象的配置。部署图中的节点代表某种计算构件，通常是硬件，例如一个打印机。在部署图中，组件代表可执行的物理代码模块，例如一个可执行程序。逻辑上它可以与类图中的包或类对应起来。所以，部署图中显示运行时各个包或类在节点中的分布情况。因此，部署图是描述任何基于计算机的应用系统（尤其是基于 Internet 和 Web 的分布式计算系统）的物理配置（或者逻辑配置）的有力工具。

6. 部署图的组成

部署图主要由节点和关联关系组成，在构造部署图时，可以描述实际的计算机和设备以及它们之间的连接关系，也可以描述部署和部署之间的依赖关系。

在部署图中，节点表示一个物理设备以及在其上运行的软件系统，例如数据库服务器、应用服务器、PC 终端、打印机等。节点之间的连线表示系统之间的通信路径，在 UML 中称为连接。通信类型则放在连接旁边的 "<<" 和 ">>" 之间，表示所用的通信协议或网络类型。两个节点之间的通信路径仅仅表明节点之间存在着联系，该连接可以采用不同的通信协议。

在 UML 的部署图中，节点的图标是一个立方体，如图 7-10 所示，该配置图有 5 个节点，用 5 个立方体表示。立方体内部的文字表示节点的名称。每一个节点都必须有一个能唯一标识自己并区别于其他节点的名称。一般情况下，部署图中显示节点的名称，但是也可以在节点图标中添加标记值或者表示节点细节的附加栏。

部署图中的节点可以分为处理器和设备两种类型。处理器是具有计算能力并能够运行软件的节点。例如 Web 服务器、数据库服务器、工作站等都属于处理器。设备指的是不具有计算能力的节点，它们一般都是通过其接口为外部提供服务的。例如打印机、扫描仪等都属于设备类型的节点。

节点可以建模为某种硬件的通用形式，例如 Web 服务器、路由器、打印机等，也可以通过修改节点的名称建模为某种硬件的特定实例。

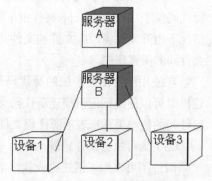

图 7-10　部署图示意图

在 UML 部署图中，不同节点之间的通信路径是通过关联关系表示的。配置图中的关联关系的表示方法与类图中关联关系相同，都是一条实线，一般关联关系不使用名称，而是使用构造型，例如 <<Ethernet>>、<<parallel>>、<<TCP>>、<<HTTP>> 等。

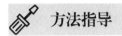

1. 创建包图的主要步骤

（1）创建包

在 Rational Rose【模型浏览】窗口中 "Logic View" 节点处单击鼠标右键，在弹出的快捷菜单中单击选择【New → Package】，如图 7-11 所示。

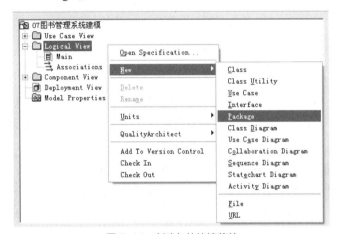

图 7-11　创建包的快捷菜单

（2）创建包图

（3）在类图中添加包

（4）修改包的属性

（5）在包之间添加依赖关系

（6）保存绘制的包图

单击菜单【File】→【Save】，或者单击工具栏中的【Save】按钮 保存所绘制的包图。

2. 删除包的常见方法

可以从图形绘制区域或者整个模型中删除包，如果从整个模型中删除包，则该包所包含的内容也都被删除。

（1）从图形绘制区域删除包。首先单击选中所要删除的包图标，然后按下键盘上的【Delete】键即可。也可以在图形绘制区域用鼠标右键单击所要删除的包图标，在弹出的快捷菜单中单击菜单项【Edit → Delete】即可，如图 7-12 所示。

注意

从图形绘制区域中删除的包，在图形绘制区域中不可见，但是在左边的【模型浏览】窗口中仍然存在。

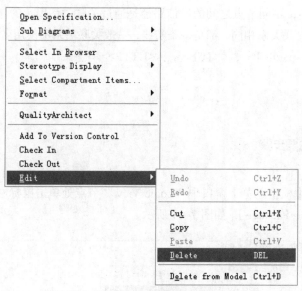

图 7-12　在图形绘制区域中删除包的快捷菜单

（2）从整个模型中删除包。要从整个模型中删除包，在左边【模型浏览】窗口用鼠标右键单击所要的删除的包名，从弹出的快捷菜单中单击选择【Delete】菜单项即可删除。

 也可以在图形绘制区域用鼠标右键单击所要删除的包图标，在弹出的快捷菜单中单击

提示 菜单项【Edit → Delete from Model】删除，如图 7-12 所示。

3.　创建组件图的主要步骤

（1）建立新的组件图

在 Rational Rose【模型浏览】窗口【Component View】对应的行单击鼠标右键，在弹出的快捷菜单中选择【New】选项，然后单击下一级菜单项【Component Diagram】，如图 7-13 所示。

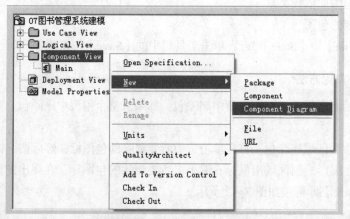

图 7-13　创建组件图的快捷菜单

（2）显示组件图【编辑】窗口和编辑工具栏

（3）添加组件

（4）添加组件之间的依赖关系

（5）保存绘制的组件图

单击菜单【File】→【Save】，或者单击工具栏中的【Save】按钮■保存所绘制的组件图。

4. 创建部署图的主要步骤

一个系统模型只有一个配置图，在【模型浏览】窗口只有一个配置图节点"Deployment View"。

（1）显示配置图【编辑】窗口和编辑工具栏

在【模型浏览】窗口双击配置图节点"Deployment View"，显示配置图【编辑】窗口和编辑工具栏。

（2）添加处理器

（3）添加设备

（4）添加关联关系

（5）保存绘制的部署图

单击菜单【File】→【Save】，或者单击工具栏中的【Save】按钮■保存所绘制的部署图。

5. 导入与导出 Rational Rose 的模型的方法

利用 Rational Rose 进行面向对象的可视化建模时，经常要导出模型或模型的某一部分，也经常要将模型元素导入到模型中。

（1）导出模型

在 Rational Rose 中打开模型文件，单击菜单【File】→【Export Model】，弹出【Export Model】对话框，在该对话框中选择合适的位置，输入导出模型的文件名，如图 7-14 所示。以 Petal 文件格式导出完整模型，单击【保存】按钮即可。

当然，也可以导出模型的部分元素。

（2）导入模型

在 Rational Rose 中单击菜单【File】→【Import】，弹出【Import Petal From】对话框，在该对话框中指定要导入的 Petal 格式的文件，如图 7-15 所示，然后单击【打开】按钮即可。导入模型后，Rational Rose 会更新当前模型中的所有模型图。

图 7-14 【Export Model】对话框

图 7-15 【Import Petal From】对话框

【任务 7-6】分析与构建图书管理系统的 UML 模型

【任务描述】

（1）分析图书管理系统的业务需求、功能模块和操作流程。

（2）分析图书管理系统的参与者、用例和类。

（3）绘制图书管理系统的用例图、类图、顺序图和活动图。

（4）绘制图书管理系统的包图、组件图和部署图。

（5）发布图书管理系统模型。

【任务实施】

进行软件开发时，无论是采用面向对象方法还是面向过程方法，首先应调查了解用户需求。管理信息系统开发的目的是满足用户需求，为了达到这个目的，系统设计人员必须充分理解用户对系统的业务需求。无论开发大型的商业软件，还是简单的应用程序，都应准确确定系统需求、明确系统的功能。功能需求描述了系统可以做什么，或者用户期望做什么。在面向对象的分析方法中，可以使用用例图来描述系统的功能。

图书管理系统是对图书馆或图书室的藏书以及借阅者进行统一管理的系统，本书所开发的图书管理系统主要面向中学、大学、企业和社区，图书借阅采用开馆自选形式，管理图书的数量一般在 10 万册以上。通过实地考查，与图书馆管理人员深入交谈，我们发现使用图书管理系统的对象主要有管理员和借阅者，管理员根据其工作内容分为三种类型：图书管理员、图书借阅员和系统管理员。

1. 图书管理系统使用对象的功能划分

（1）图书借阅员主要使用图书管理系统借出图书、归还图书、续借图书、查询信息等，也可以修改密码，以合法身分登录系统。

（2）图书管理员主要管理图书类型、借阅者类型、出版社数据、藏书地点、部门数据等基础数据，编制图书条码、打印书标、图书入库、管理书目信息、维护借阅者信息、办理借书证等。

（3）系统管理员主要是管理用户、为用户分配权限、设置系统参数、备份数据、保证数据完整、保证网络畅通和清除计算机病毒等。

（4）图书借阅者可以查询书目信息、借阅信息和罚款信息。

2. 图书管理系统的业务需求描述

经实地调查，图书管理系统应满足以下业务需求。

（1）在图书管理系统中，借阅者要想借出图书，必须先在系统中注册建立一个账户，然后图书管理员为他办理借书证，借书证可以提供借阅者的姓名、部门、借书证号和身份证号。

（2）持有借书证的借阅者可以借出图书、归还图书，但这些操作都是通过图书借阅员代理与系统交互。

（3）借阅者可以自己在图书馆内或其他场所查询图书信息、图书借阅信息和罚款信息。

（4）在借出图书时，借阅者进入图书馆内首先找到自己要借阅的图书，然后到借书处将借书证和图书交给图书借阅员办理借阅手续。

（5）图书借阅员进行借书操作时，首先需要输入借阅者的借书证号（提供条码扫描输入、手工输入、双击选择三种方式），系统验证借书证是否有效（根据系统是否存在借书证号所对应的账户），若有效，则系统还需要检验该账户中的借阅信息，以验证借阅者借阅的图书是否超过了规定的数量，或者借阅者是否有超过规定借阅期限而未归还的图书；如果通过了系统的验证，则系统会显示借阅者的信息以提示图书借阅员输入要借阅的图书信息，然后图书借阅员输入借出图书的条码（提供三种输入方式：条码扫描输入、手工输入和双击选择），系统将增加一条借阅记录信息，并更新该借阅者账户和该图书的在藏数量，完成借出图书操作。

（6）借阅者还书时只需要将所借阅的图书交给图书借阅员，由图书借阅员负责输入图书条码，然后由系统验证该图书是否为本图书馆中的藏书，若是则系统删除相应的借阅信息，并更新相应的借阅者账户。在还书时也会检验该借阅者是否有超期未还的图书。

（7）借阅者续借图书提供凭书续借和凭证续借两种方式。使用"凭书续借"方式续借图书时，图书借阅员必须输入图书条码，系统根据条码查找对应的借阅者。使用"凭证续借"方式续借图书时，图书借阅员必须输入借阅者编号，系统根据编号查找该借阅者所借阅的所有图书，然后选择需续借的图书。

（8）新书入库时，首先根据 ISBN 编码，判断该类图书是否已编目，如果没有编目信息，则先输入编目信息，然后编制图书的条码，完成图书入库操作；如果购买的图书已有编目信息，则直接编制图书的条码，进行图书入库操作，增加图书总数量。

（9）第一次使用该图书管理系统时，由图书管理员输入初始基础数据，包括图书类型、借阅者类型、出版社数据、藏书地点数据、部门数据等。

（10）系统参数由系统管理员根据需要进行设置和更新。

（11）系统管理员可以添加新的用户，并根据用户类型设置其权限。

（12）对于图书超期未还、图书被损坏、图书丢失等现象，将进行相应的罚款。如果因特殊原因，当时没有及时进行罚款，可以先将罚款数据存储在"待罚款信息"数据表中，下一次借阅图书时执行罚款操作。

通过对图书管理系统业务需求的整合、归纳，可以获得以下的功能需求。

（1）借阅者持有借书证借书。

（2）图书借阅员作为借阅者的代理完成借出图书、归还图书工作。

（3）图书管理员管理图书类型、借阅者类型、出版社、部门、馆藏地点等数据，添加、修改和删除借阅者数据，办理借书证，添加、修改和删除书目数据，编制图书条码，完成图书入库操作等。

（4）系统管理员添加、修改和删除用户，设置用户权限，设置、修改系统参数等。

（5）图书管理员、图书借阅员和借阅者本人都允许查询书目信息、借阅信息和罚款信息。

本系统暂不考虑"预留图书"和"图书征订"等操作。

3. 分析图书管理系统主要模块的功能

为了实现图书系统管理的业务需求，便于团队合作开发系统，将图书管理系统划分为 12 个模块（用户登录模块、用户管理模块、基础数据管理模块、类型管理模块、业务数据管理模块、数据查询模块、报表打印模块、条码编制与图书入库模块、图书借出与归还模块、罚款管理模块、系统整合模块、系统部署与发布模块），功能结构图如图 7-16 所示。

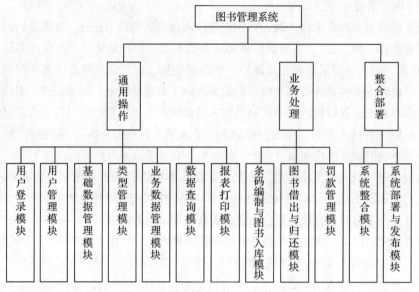

图 7-16　图书管理系统的功能结构图

（1）分析用户登录模块的主要功能

用户登录模块的功能结构图如图 7-17 所示，其主要功能如下。

① 验证数据库连接是否成功。

② 验证用户身份是否合法。

③ 获取用户权限类型。

（2）分析用户管理模块的主要功能

用户管理模块的功能结构图如图 7-18 所示，其主要功能如下。

① 新增、修改或删除用户数据。

② 管理用户权限。

③ 修改用户密码。

图 7-17　用户登录模块的功能结构图　　　　图 7-18　用户管理模块的功能结构图

（3）分析基础数据管理模块的主要功能

基础数据管理模块的功能结构图如图 7-19 所示，其主要功能如下。

① 新增、修改或删除出版社数据。

② 新增、修改或删除馆藏地点数据。

③ 新增、修改或删除部门数据。

④ 数据备份与恢复。

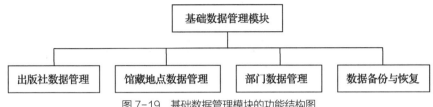

图 7-19　基础数据管理模块的功能结构图

（4）分析类型管理模块的主要功能

类型管理模块的功能结构图如图 7-20 所示，其主要功能如下。

① 新增、修改或删除图书类型数据。

② 新增、修改或删除借阅者类型数据。

③ 新增、修改或删除罚款类型数据。

（5）分析业务数据管理模块的主要功能

业务数据管理模块的功能结构图如图 7-21，其主要功能如下。

① 新增、修改或删除书目数据。

② 新增、修改或删除借阅者数据。

图 7-20　类型管理模块的功能结构图　　　　图 7-21　业务数据管理模块的功能结构图

（6）分析数据查询模块的主要功能

数据查询模块的功能结构图如图 7-22 所示，其主要功能如下。

① 根据"书目编号"和"图书名称"查询书目信息。

② 根据"借阅者编号"和"姓名"查询借阅者信息。

③ 组合查询借阅信息。

④ 查询超期未还图书信息。

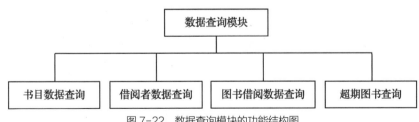

图 7-22　数据查询模块的功能结构图

（7）分析报表打印模块的主要功能

报表打印模块的功能结构图如图 7-23 所示，其主要功能如下。

① 打印输出书目报表。

② 打印输出借阅者报表。

③ 打印输出借阅报表。

图 7-23　报表打印模块的功能结构图

（8）分析条码编制与图书入库模块的主要功能

条码编制与图书入库模块的功能结构图如图 7-24 所示，其主要功能如下。

① 对图书编制条码。

② 已编制条码的图书入库。

③ 输出图书条码信息。

图 7-24　条码编制与图书入库模块的功能结构图

（9）分析图书借出与归还模块的主要功能

图书借出与归还模块的功能结构图如图 7-25 所示，其主要功能如下。

① 执行图书借出操作。

② 执行图书归还操作。

③ 执行图书续借操作。

图 7-25　图书借出与归还模块的功能结构图

（10）分析罚款管理模块的主要功能

罚款管理模块的功能结构图如图 7-26 所示，其主要功能如下。

① 对于图书超期未还、图书损坏和图书丢失等方面进行罚款处理。

② 对于罚款未交清的情况执行补交罚款操作。

③ 执行补交押金操作。

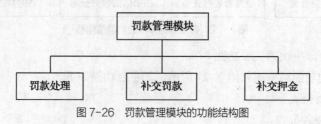

图 7-26　罚款管理模块的功能结构图

（11）分析系统整合模块的主要功能

系统整合模块的功能结构图如图 7-27 所示，其主要功能如下。

① 将各个模块通过主窗体进行整合。

② 对系统的操作方法提供帮助。

③ 对系统的有关情况提供说明信息。

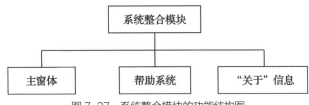

图 7-27 系统整合模块的功能结构图

（12）系统部署与发布模块的主要功能

系统部署与发布模块的主要功能是对图书管理系统进行总体部署。

4. 分析图书管理系统的操作流程

在图书管理系统中，每个用例都可以建立顺序图和活动图，将用例执行中各个参与的对象之间的消息传递过程表现出来，反映系统的操作流程。下面主要分析图书管理系统的几个主要的操作流程。

（1）用户登录的流程

当用户进行登录时，首先打开【用户登录】界面，然后开始输入"用户名"和"密码"；"用户名"和"密码"输入完毕，并提交到系统，然后系统开始检查判断"用户名"和"密码"是否合法。如果检查通过则成功登录，否则显示【错误提示信息】对话框；在【错误提示信息】对话框中选择需要进行何种操作，如果选择"重新输入"则返回【用户登录】界面再一次输入"用户名"和"密码"，如果选择取消则退出【用户登录】界面，此时表示登录失败。

（2）借出图书的操作流程

借出图书的操作流程为：图书借阅员选择菜单项【借出图书】，打开【图书借出】窗口，图书借阅员在该对话框中输入借阅者信息，然后由系统查询数据库，以验证该借阅者的合法性，若借阅者合法，则再由图书借阅员输入所要借阅的图书信息，并将借阅信息提交到系统，系统记录并保存该借阅信息。

（3）归还图书的操作流程

归还图书的操作流程为：图书借阅员选择菜单项【归还图书】，打开【图书归还】窗口，图书借阅员在该对话框中输入归还图书的条码，并提交到系统，然后由系统查询数据库，以验证该图书是否为本馆藏书，若图书不合法，则提示图书借阅员；若合法，则由系统查找借阅该图书的借阅者信息，然后删除相对应的借阅记录，并更新借阅者信息。

（4）超期处理的操作流程

超期处理的前提条件为：当发生借书或还书时，首先由系统找到借阅者的信息，然后调用超期处理以检验该借阅者是否有超期的借阅信息。超期处理的操作流程为：获取借阅者的所有借阅信息，查询数据库以获取借阅信息的日期，然后由系统与当前日期比较，以验证图书是否超过了规定的借阅期限，若超过规定的借阅时间，则显示超期的图书信息，以提示图书管理员。

5. 分析图书管理系统的参与者

经过实地调查、访谈，我们可以列出图书管理系统的主要业务内容。

（1）系统可供图书借阅员完成借书、还书、续借操作。

（2）系统可供图书管理员完成图书编目、入库，办理借书证等操作。

（3）系统允许系统管理员对系统进行维护、管理系统用户、设置用户权限。

（4）系统可供图书管理员、图书借阅员和借阅者本人查询图书信息、借阅信息和罚款信息。

通过以上分析，可以确定系统中有四类参与者：图书借阅员、图书管理员、系统管理员和借阅者。各参与者的描述如表 7-1 所示。

从某一个工作人员来看，一个人可以分别完成图书借阅员、图书管理员、系统管理员三种角色，只是这三种岗位职责、权限不同，所以有必要分为三种类型。

表7-1 图书管理系统的参与者

参与者	业务功能
图书借阅员	主要使用图书管理系统借出图书、归还图书、续借图书、查询信息等，也可以修改密码，以合法身分登录系统
图书管理员	主要管理图书类型、借阅者类型、出版社、藏书地点、部门等基础数据，管理书目信息、维护借阅者信息、办理借书证、编制图书条码、打印书标、图书入库等
系统管理员	主要是管理系统用户、为用户分配权限、设置系统参数、备份数据等
借阅者	可以查询书目信息、借阅信息和罚款信息

在识别出系统参与者后，从参与者角度就可以发现系统的用例，通过对用例的细化处理建立系统的用例模型。

6. 分析图书管理系统的用例

在确定图书管理系统的参与者后，我们必须确定参与者所使用的用例，用例是参与者与系统交互过程中需要系统完成的任务。识别用例最好的方法是从参与者的角度开始分析，这一过程可通过提出"要系统做什么？"这样的问题来完成。由于系统中存在四种类型的参与者，下面分别从这四种类型的参与者角度出发，列出图书管理系统的基本用例，如表 7-2 所示。

表7-2 图书管理系统的基本用例

系统参与者	基本用例
图书借阅员	借出图书、归还图书、续借图书、查询信息、修改密码
图书管理员	管理基础数据、管理书目、管理图书、管理借阅者
系统管理员	管理用户、管理用户权限、设置系统参数、备份数据
借阅者	查询信息

找出系统的基本用例之后，还需要对每一个用例进行细化描述，以便完全理解创建系统时所涉及的具体任务，发现因疏忽而未意识到的用例。对用例进行细化描述需要经过与相关人员进行一次或多次细谈。

在建立用例图后，为了使每个用例更加具体，可以以书面文档的形式对用例进行描述。描述时可以根据其事件流进行，用例的事件流是对完成用例所需要的事件的描述。事件流描述了系统应该做什么，而不是描述系统应该怎样做。

通常情况下，事件流的建立是在细化用例阶段进行。开始只对用例的基本流所需的操作步骤进行简单描述。随着分析的深入，可以添加更多的详细信息。最后，将例外情况也添加到用例的描述中。

148

UML软件建模任务驱动教程（第3版）

"添加借阅者"用例的细化描述如表 7-3 所示。

表7-3　"添加借阅者"用例的细化描述

用例名称	添加借阅者
标识符	bookMis2022001
用例描述	图书管理员添加借阅者信息
参与者	图书管理员
前置条件	图书管理员成功登录到系统
后置条件	在系统中注册一名借阅者，并为其打印一个借书证
基本操作流程	① 输入借阅者的信息，例如姓名、证件号码、部门等 ② 系统存储借阅信息 ③ 系统打印一个借书证
可选操作流程	输入的借阅者信息已经在系统中存在，提示管理员并终止用例

"删除借阅者"用例的细化描述如表 7-4 所示。

表7-4　"删除借阅者"用例的细化描述

用例名称	删除借阅者
标识符	bookMis2022002
用例描述	图书管理员删除借阅者信息
参与者	图书管理员
前置条件	图书管理员成功登录到系统
后置条件	在系统中删除一个借阅者的信息
基本操作流程	① 输入借阅者的信息 ② 查找该借阅者是否有未还的图书 ③ 从系统中删除该借阅者的信息
可选操作流程	该借阅者如有未归还的图书，提醒管理员并终止用例

"借出图书"用例的细化描述如表 7-5 所示。

表7-5　"借出图书"用例的细化描述

用例名称	借出图书
标识符	bookMis2022003
用例描述	图书借阅员代理借阅者办理借出图书手续
参与者	图书借阅员
前置条件	图书借阅员登录进入系统
后置条件	如果这个用例成功，在系统中建立并存储借阅记录
基本操作流程	① 图书借阅员输入借书证编号 ② 系统验证借书证的有效性 ③ 系统检查所借图书数量是否超过了规定的数量 ④ 系统检查是否有超期的借阅信息 ⑤ 图书借阅员输入要借出的图书信息 ⑥ 系统将借阅信息添加到数据表中 ⑦ 系统显示借阅者的借阅信息，提示图书借阅员借阅成功
可选操作流程	借书证不合法，用例终止，图书借阅员进行确认 借阅者所借阅的图书超过了规定的数量，用例终止，拒绝借阅 借阅者有超期的借阅信息，进行罚款处理

"凭书归还图书"用例的细化描述如表 7-6 所示。

表7-6　"凭书归还图书"用例的细化描述

用例名称	凭书归还图书
标识符	bookMis2022004
用例描述	图书借阅员代理借阅者办理还书手续
参与者	图书借阅员
前置条件	图书借阅员登录进入系统
后置条件	如果这个用例成功，删除相关的借阅记录，并修改"书目信息"数据表中该图书的在藏数量
基本操作流程	① 图书借阅员输入要归还的图书条码 ② 系统验证图书的有效性 ③ 系统根据该图书条码检索图书借阅信息 ④ 系统根据图书借阅信息检索借阅者信息 ⑤ 系统检索该借阅者是否有超期的借阅信息 ⑥ 删除与该图书相关的借阅记录 ⑦ 保存更新后的借阅信息 ⑧ 系统显示该借阅者还书后的借阅信息，提示还书成功
可选操作流程	该借阅者有超期的借阅信息，进行罚款处理 归还的图书不合法，即不是本馆中的藏书，用例终止，图书借阅员进行确认

"图书超期处理"用例的细化描述如表 7-7 所示。

表7-7　"图书超期处理"用例的细化描述

用例名称	图书超期处理
标识符	bookMis20220005
用例描述	检测某借阅者是否有超期的借阅信息
参与者	图书借阅员
前置条件	找到有效的借阅者
后置条件	显示借阅者所借阅的所有图书信息
基本操作流程	① 根据借阅者检索借阅信息 ② 检验借阅信息的借阅日期，以验证是否超期
可选操作流程	如果存在超期未还的图书则进行罚款处理

表 7-3～表 7-7 所示的图书管理系统部分用例的细化描述，只是系统用例细化描述的典型代表，其他用例的细化描述请读者自行完成。用例的细化描述及它们所包含的信息，不只是附属于用例图的额外信息。事实上，用例描述让用例变得完整，没有细化描述的用例意义不够完整。

随着对用例的不断细化，我们可以发现某些用例在系统中是公用的，而为了日后开发需要，我们需要分解该用例，即将该用例中的公用部分提取出来，以便其他用例使用。例如借出图书、归还图书、浏览借阅信息等用例都使用了显示现存借阅信息用例，借出图书、归还图书、续借图书等用例都使用了检查是否有超期的借阅信息用例。另外，所有系统的参与者必须先进行登录，然后才能使用该系统，为此还需要添加一个登录用例。

7. 分析图书管理系统的类

进一步分析系统需求，以发现类以及类之间的关系，确定它们的静态结构和动态行为，是面向对象分析的基本任务。系统的静态结构模型主要用类图和对象图描述。

在确定系统的功能需求后，下一步就是确定系统的类。由于类是构成类图的基础，所以，在构造类图之前，首先要定义类，也就是将系统需要的数据抽象为类的属性，将处理数据的方法抽象为类的方法。

通过自我提问和回答以下问题，有助于在建模时准确地定义类。

（1）在要解决的问题中有没有必须存储或处理的数据？如果有，那么这些数据可能就需要抽象为类。例如图书管理系统中必须存储或处理的数据有借阅数据、书目数据等。

（2）系统中有什么角色？这些角色可以抽象为类，例如图书管理系统中用户、借阅者等。

（3）系统中有没有被控制的设备？如果有，那么在系统中应该有与这些设备对应的类，以便能够通过这些类去控制相应的设备，例如图书管理系统中的书标打印机等。

（4）有没有外部系统？如果有，可以将外部系统抽象为类，该类可以是本系统所包含的类，也可以是与本系统进行交互的类。

通过自我提问和回答以上列出的问题有助于建模时发现需要定义的类，但是定义类的基本依据仍然是系统的需求规格说明，应当认真分析系统的需求规格说明，进而确定需要为系统定义哪些类。通过分析用例模型和系统的需求规格说明，可以初步构造系统的类图模型。类图模型的构造是一个迭代的过程，需要反复进行，随着系统分析和设计的逐步深入，类图也会越来越完善。

系统对象的识别可以从发现和选择系统需求描述中的名词开始进行。从图书管理系统的需求描述中可以发现诸如"书目""图书""借阅者""借阅信息"等重要名词，可以认为它们都是系统的候选对象，是否需要为它们创建类可以通过检查是否存在与它们相关的属性和行为进行判断，如果存在，就应该为相应候选对象在类图中建立模型。

"借阅者"是具有自己的属性特征的，例如具有不同借书证号的"借阅者"是不同的人，姓名分别为"张亮"和"夏天"的"借阅者"是不同的人。而且，在图书管理系统中，"借阅者"具有借书、还书等行为，所以在类图中应该有一个"借阅者"类。

"图书"和"书目"是不同的，例如在图书馆中可能有多本书名为《网页设计与制作》的图书，这里的《网页设计与制作》就属于"书目"，而多本书名为《网页设计与制作》的书就是这里所说的"图书"。"书目"是有自己的属性特征的，可以通过 ISBN 号进行区分，而且图书的书目可以被添加、修改和删除；图书也有自己的属性特征，可以通过条码唯一标识一本书，具有不同条码的图书其名称可以不同，也可能相同。在图书管理系统中，"图书"可以被借出和归还，所以应该在类图中添加"书目"类和"图书"类。

借阅信息也具有自己的属性特征，例如同一个人可以借出不同的图书，同一本图书也可以被不同的人借阅，在不同时间借阅信息不断在变化，借阅信息也可以被添加和删除，所以，应该在类图中增加一个"借阅"类代表与借阅信息有关的事务。

至此已为系统定义了四个类，分别是"借阅者类""书目类""图书类"和"借阅类"。根据用例模型和图书管理系统的需求描述，这几个类都是实体类，需要访问数据库，为了便于访问数据库，抽象出一个"数据库操作类"，该类可以对数据库执行读、写、检索等操作。所以，再在类图中添加一个"数据库操作类"。

在抽象出系统中的类之后，还要根据用例模型和系统的需求描述确定类的特性、操作以及类与类之间的关系。

用户在使用图书管理系统时需要与系统进行交互，所以，还需要为系统创建用户界面类。根据用例模型和系统的需求描述，为图书管理系统抽象出以下用户界面类：数据库连接界面、用户登录界面、主界面、用户管理界面、用户权限管理界面、密码修改界面、出版社数据管理界面、部门数据管理界面、藏书地点管理界面、图书类型管理界面、借阅者类型管理界面、浏览与管理书目数据界面、新增书目数据界面、修改书目数据界面、浏览与管理借阅者数据界面、新增借阅者数据界面、修改借阅者数据界面、图书借阅查询界面、图书借阅报表打印界面、书目信息报表打印界面、借阅者信息报表打印界面、条码编制与图书入库界面、条码输出界面、图书借出界面、图书归还与续借界面、图书罚款处理界面、补交罚款界面、罚款类型管理界面、补交押金界面、系统帮助界面、选择出版社界面、选择借阅者界面、选择图书界面、选择借出图书界面、选择待罚款的借阅者、提示信息对话框、错误信息对话框。这些用户界面类的主要功能如表7-8所示。

表7-8　图书管理系统操作界面类的主要功能

序号	界面类名称	主要功能说明
1	数据库连接界面	与后台数据库进行连接操作
2	用户登录界面	登录系统时输入用户名和密码，验证登录用户身份的合法性
3	主界面	为系统使用者提供主操作界面
4	用户管理界面	添加、删除用户，修改用户信息
5	用户权限管理界面	设置用户权限
6	密码修改界面	修改用户密码
7	出版社数据管理界面	添加、修改、删除出版社数据
8	部门数据管理界面	添加、修改、删除部门数据
9	藏书地点管理界面	添加、修改、删除藏书地点数据
10	图书类型管理界面	添加、修改、删除图书类型数据
11	借阅者类型管理界面	管理不同类型借阅者的借书数量上限、借书期限、超期日罚款金额、借书证有效期限等参数
12	浏览与管理书目数据界面	对书目信息的操作（添加、删除、修改），检索书目信息和删除书目记录
13	新增书目数据界面	新增图书编目
14	修改书目数据界面	修改书目数据
15	浏览与管理借阅者数据界面	对借阅者的操作（添加、删除、修改）、检索借阅者信息和删除借阅者记录
16	新增借阅者数据界面	新增借阅者数据
17	修改借阅者数据界面	修改借阅者数据
18	图书借阅查询界面	查询图书的借阅信息
19	图书借阅报表打印界面	打印图书借阅报表
20	书目信息报表打印界面	打印书目信息报表
21	借阅者信息报表打印界面	打印借阅者信息报表
22	条码编制与图书入库界面	编制图书条码，完成图书入库
23	条码输出界面	显示和打印图书条码
24	图书借出界面	执行图书借出操作
25	图书归还与续借界面	执行图书归还和续借操作
26	图书罚款处理界面	对借阅图书超期、损坏图书、丢失图书等情况进行罚款处理
27	补交罚款界面	补交欠交的罚款
28	罚款类型管理界面	设置罚款类型
29	补交押金界面	补交押金
30	系统帮助界面	提供帮助信息
31	选择出版社界面	选择出版社

序号	界面类名称	主要功能说明
32	选择借阅者界面	选择借阅者
33	选择图书界面	选择图书
34	选择借出图书界面	选择已借出的图书
35	选择待罚款的借阅者	选择待罚款的借阅者
36	提示信息对话框	用于输出提示信息
37	错误信息对话框	用于输出错误提示信息

8. 绘制图书管理系统的用例图

图书管理系统的用例图如图 7-28 所示。

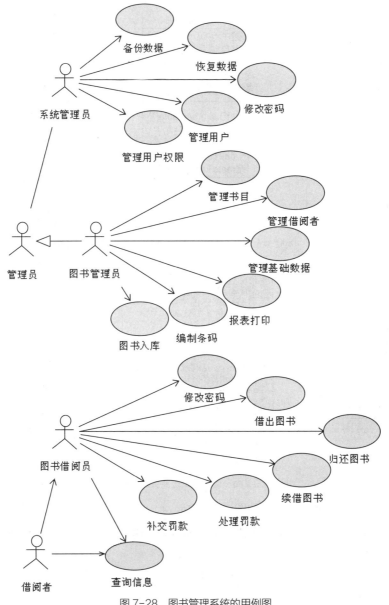

图 7-28　图书管理系统的用例图

9. 绘制图书管理系统的类图

图书管理系统几个实体类的类图如图 7-29 所示，图书借出类与图书类、借阅者类的关系也如图 7-29 所示。图书借出类与图书类为一对一的关系，每一本图书（对应一个唯一的条码）在同一时刻只能借出一次。借阅者类与图书借出类为一对多的关系，每个借阅者可以借阅多本图书，也可能没有借阅一本图书。

书目类与图书类、图书类型类的关系如图 7-29 所示，书目类与图书类为一对多的关系，每一种书目至少对应有一本图书，也可能对应有多本图书。图书类型类与书目类为一对多的关系，每种图书类型可以对应有多种不同的书目，也可能没有对应的书目。

借阅者类与借阅者类型类的关系如图 7-29 所示。借阅者类型类与借阅者类为一对多的关系，每个借阅者类型可以对应有多个不同的借阅者。

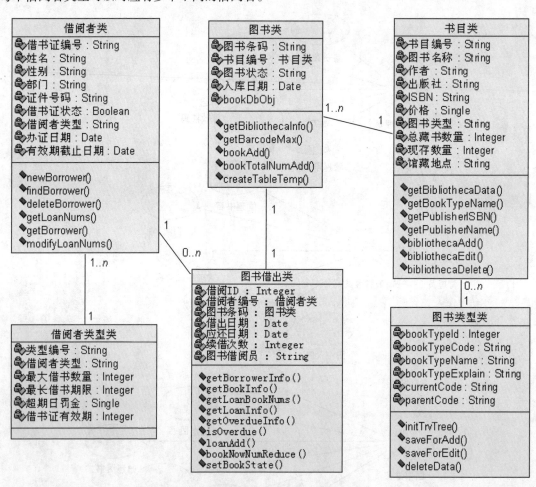

图 7-29　图书管理系统主要实体类的类图

图书管理系统主要界面类的类图如图 7-30 所示。

图书管理系统图书借出界面类与图书类、借阅者类、图书借出类之间的关系如图 7-31 所示。

图 7-30　图书管理系统主要界面类的类图

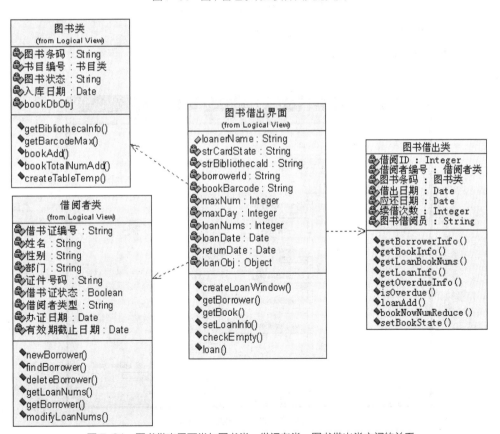

图 7-31　图书借出界面类与图书类、借阅者类、图书借出类之间的关系

10. 绘制图书管理系统的顺序图

（1）绘制"用户登录系统到打开子窗口操作过程"的顺序图

"用户登录系统到打开子窗口操作过程"的顺序图如图 7-32 所示。

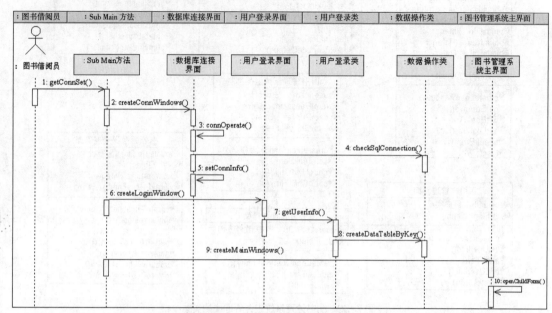

图 7-32 "用户登录系统到打开子窗口操作过程"的顺序图

（2）绘制图书类型管理模块的顺序图

① 绘制"新增图书类型"的顺序图。

"新增图书类型"的顺序图如图 7-33 所示。

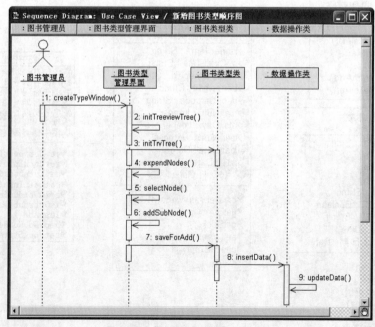

图 7-33 "新增图书类型"的顺序图

② 绘制"浏览与修改图书类型数据"的顺序图。

"浏览与修改图书类型数据"的顺序图如图 7–34 所示。

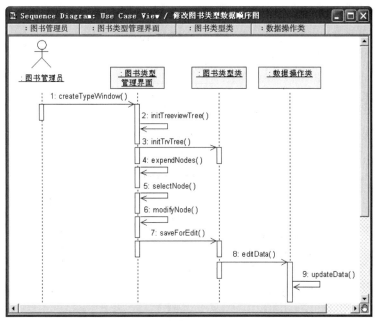

图 7-34 "浏览与修改图书类型数据"的顺序图

图书管理系统其他模块顺序图的绘制已在前面各单元予以介绍，在此不再重复说明。

11．绘制图书管理系统的活动图

（1）绘制"用户登录系统到打开主窗口操作过程"的活动图

"用户登录系统到打开主窗口操作过程"的活动图如图 7–35 所示。

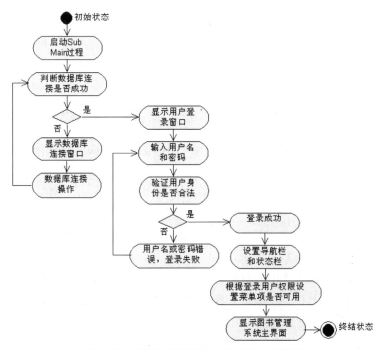

图 7-35 "用户登录系统到打开主窗口操作过程"活动图

（2）绘制"图书类型管理"的活动图

"图书类型管理"的活动图如图7-36所示。

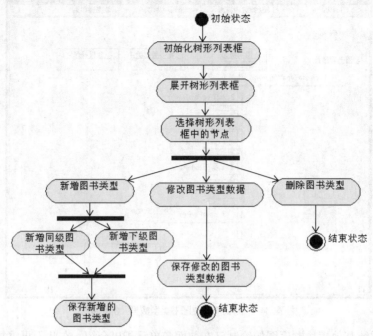

图7-36 "图书类型管理"的活动图

图书管理系统其他模块活动图的绘制已在前面各单元予以介绍，在此不再重复说明。

12. 绘制图书管理系统的包图

在面向对象的系统分析中，通常将系统中的类分为三种：用户界面类、业务处理类和数据访问类。用户界面类由系统中的用户界面组成，例如用户登录界面、用户管理界面、图书借出界面等；业务处理类负责系统中的业务逻辑处理；数据库访问类则负责保存处理结果。将这三类分别以包的形式进行包装，形成三个类包：用户界面包、业务处理包、数据访问包。

接下来介绍绘制图书管理系统的包图的过程。

包既可以在Rational Rose的【模型浏览】窗口中"Logic View"处创建，也可以在"Component View"处创建。

① 创建包。在Rational Rose【模型浏览】窗口中"Logic View"处单击鼠标右键，在弹出的快捷菜单中单击选择【New → Package】。

此时在"Logic View"目录下创建一个默认名称为"NewPackage"的包，将该默认名称修改为"图书管理系统"。

② 创建包图。包图与类图为相同形式的编辑窗口，按创建类图的方法创建一个名为"图书管理系统包图"的包图，如图7-37所示。

③ 在类图中添加包。双击【模型浏览】窗口中的类图"图书管理系统包图"，打开类图的【编辑】窗口和类图的编辑工具栏。在编辑工具栏中单击选择【Package】□按钮，然后在绘制区域要绘制包的位置单击鼠标左键绘制包的图标，输入新的名称"用户界面包"，此时在【模型浏览】窗口的"图书管理系统"目录树中会出现新添加的包的子目录，如图7-38所示。

图 7-37 创建的包和包图

图 7-38 添加一个包

④ 修改包的属性。要修改包的属性，双击【模型浏览】窗口"图书管理系统"目录树中的包图标，在弹出的对话框的【General】选项卡中修改包的"Name""Documentation"等属性，如图 7-39 所示。

图 7-39 设置包属性的对话框

提示

也可以选中要修改属性的包图标，鼠标右键单击，在弹出的快捷菜单中单击选择【Open Specification】菜单项，打开该属性设置对话框。

以同样的方法添加其他的包，结果如图 7-40 所示。

⑤ 在包之间添加依赖关系。在编辑工具栏中单击选择 按钮，将鼠标指针移到【编辑】窗口，从"用户界面包"的图标到"业务处理包"的图标拖动鼠标，即可添加两者之间的依赖关系。以同样方法为其他包添加依赖关系，结果如图 7-41 所示。

如图 7-41 所示，"用户界面包"依赖于"业务处理包"，也依赖于"数据库访问包"，"业务处理包"依赖于"数据库访问包"。

⑥ 保存绘制的包图。单击菜单【File】→【Save】，或者单击工具栏中的【Save】按钮 保存所绘制的包图。

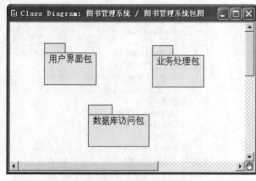

图 7-40　在类图中添加三个包

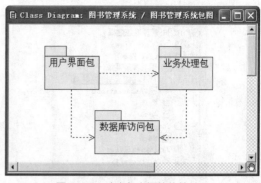

图 7-41　建立包之间的依赖关系

13. 绘制图书管理系统的组件图

（1）建立新的组件图

在 Rational Rose【模型浏览】窗口 "Component View" 节点对应的行单击鼠标右键，在弹出的快捷菜单中选择【New】选项，然后单击下一级菜单项【Component Diagram】。此时，在 "Component View" 文件夹中添加了一个默认名称为 "NewDiagram" 的项，直接输入一个新的组件图名称 "图书管理系统组件图"，如图 7-42 所示。

图 7-42　在【模型浏览】窗口新建的组件图

（2）显示组件图【编辑】窗口和编辑工具栏

双击【模型浏览】窗口中的 "Component View" 节点中的项 "图书管理系统组件图"，显示组件图【编辑】窗口和编辑工具栏。

（3）添加组件

单击编辑工具栏中的【Component】按钮 ，然后在组件图【编辑】窗口绘制组件的位置单击鼠标左键，添加一个组件，其默认名称为 "NewComponent"，然后输入组件名称 "图书管理系统主界面" 即可，如图 7-43 所示。

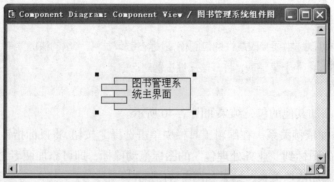

图 7-43　在组件图【编辑】窗口绘制组件

按照类似的方法，添加其他的组件，如图 7-44 所示。

（4）添加组件之间的依赖关系

单击编辑工具栏中的【Dependency】按钮 ，在组件图【编辑】窗口源组件处按下鼠标左键，然后按住左键拖动鼠标指针到目标组件，松开左手，此时，在源组件与目标组件之间出现一条直线。

源组件是指依赖于其他组件的组件，目标组件是某一组件所依赖的组件。按照类似的方法添加组件之间的依赖关系，最后得到图 7-45 所示的图书管理系统的主要业务组件图。

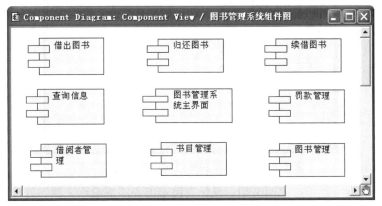

图 7-44　在组件图【编辑】窗口绘制多个组件

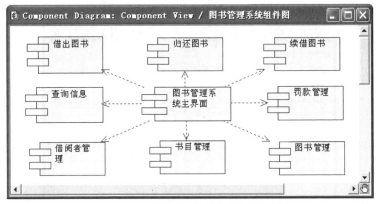

图 7-45　图书管理系统的主要业务组件图

（5）保存绘制的组件图

单击菜单【File】→【Save】，或者单击工具栏中的【Save】按钮■保存所绘制的组件图。

【模型浏览】窗口中新增加的组件如图 7-46 所示。

14. 绘制图书管理系统的部署图

一个系统模型只有一个部署图，在【模型浏览】窗口只有一个部署图节点 "Deployment View"。

（1）显示部署图【编辑】窗口和编辑工具栏

在【模型浏览】窗口双击部署图节点 "Deployment View"，显示部署图【编辑】窗口和编辑工具栏。

（2）添加处理器

单击编辑工具栏【Processor】按钮□，然后在部署图【编辑】窗口要绘制处理器的位置单击鼠标左键，输入处理器的名称即可，新添加的处理器如图 7-47 所示。

图 7-46　【模型浏览】窗口新增加的组件

图 7-47　在配置图【编辑】窗口添加处理器节点

也可以为处理器节点添加说明文档，鼠标右键单击要添加说明文档的处理器节点，在弹出的快捷菜单中单击菜单项【Open Specifiation】，在打开的图 7-48 所示的对话框中选择【General】选项卡，在该选项卡的"Documentation"文本框输入说明文字即可。

图 7-48　设置配置图节点属性的对话框

（3）添加设备

单击编辑工具栏【Device】按钮⬜，然后在部署图【编辑】窗口要绘制设备的位置单击鼠标左键，输入设备的名称即可，新添加的设备如图 7-49 所示。也可以为设备添加说明文档。

（4）添加关联关系

部署图用关联关系表示各节点之间的通信，它可以连接两台处理器、两台设备或者设备与服务器。

单击编辑工具栏【Connection】按钮✏，然后在部署图【编辑】窗口从源节点向目标节点拖动鼠标指针绘制一条直线，如图 7-49 所示。

（5）保存绘制的部署图

单击菜单【File】→【Save】，或者单击工具栏中的【Save】按钮🖫保存所绘制的部署图。

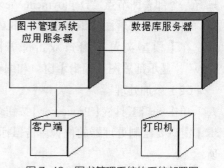

图 7-49　图书管理系统的系统部署图

图书管理系统的系统部署图如图 7-49 所示。

15. 在 Rational Rose 中发布系统模型

可以把 Rose 建立的模型发布为 Web 方式，通过网络共享模型，操作步骤如下。

（1）单击主菜单【Tools】的二级菜单【Web Publisher】，在弹出的对话框中选择要发布的模型视图和包，如图 7-50 所示。

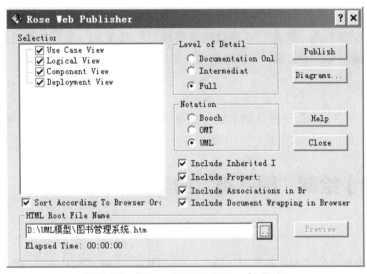

图 7-50 【Rose Web Publisher】对话框

（2）在"Level of Detail"区域设置细节内容，如图 7-50 所示。

"Level of Detail"区域有三个单选按钮：【Documentation Only】（只发布文档）选项只发布对不同模型元素的注释，不包括如操作、属性和关系等细节或细节链接。【Intermediat】（中间层）选项允许用户发布所有模型元素规范中定义的细节，但是不包括在语言表之内的细节。【Full】选项允许用户发布大部分完整的有用的细节，包括模型元素细节表中的所有信息。

（3）在"Notation"区域选择发布模型的符号，有三个选择项：【Booch】、【OMT】、【UML】，可以根据需要进行选择。

（4）通过四个复选框选择是否发布属性、关联等内容。

（5）在"HTML Root File Name"文本框中输入发布模型的根文件名。

（6）如果要选择图的图形文件格式，可以在图 7-50 所示界面中单击【Diagrams】按钮，弹出图 7-51 所示的【Diagram Options】对话框，在该对话框中选择一种图的文件格式，也可以选择不发布任何图，然后单击【OK】按钮即可。

（7）完成上述步骤后，单击【Publish】按钮，就会发布模型。如果需要，可以单击【Preview】按钮浏览发布的模型。

创建发布模型后，可以通过浏览器（例如 IE浏览器）直接查看发布后的 HTML 文件，而不需要通过 Rational Rose 来查看。

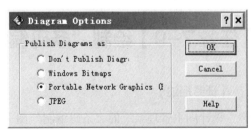

图 7-51 【Diagram Options】对话框

同步训练

【任务 7-7】绘制"条码编制与图书入库"子模块的用例图

【任务描述】

分析"条码编制与图书入库"业务处理子模块的功能需求、参与者和用例,使用 Rational Rose 绘制"条码编制与图书入库"子模块的用例图。

【操作提示】

"条码编制与图书入库"子模块的主要功能有条码编制、图书入库和条码输出等。条码编制与图书入库主要由图书管理员完成。

【任务 7-8】绘制"图书类"的类图

【任务描述】

设计图书管理系统的"图书类",且使用 Rational Rose 绘制"图书类"的类图。

【操作提示】

"图书类"的主要属性有图书条码、书目编号、图书状态、入库日期等,主要方法有获取书目信息、增加图书信息、修改图书总数量和现存数量等。

 注意

这里的"图书"与"书目"有区别,对于相同的多本图书,在"图书"数据表中为多条不同的记录,其条码不同,而在"书目"数据表中为同一条记录,"图书"数据表中同一本图书的记录数即为"书目"数据表中的图书总数量。

图书类
🔑图书条码 : String
🔑书目编号 : 书目类
🔑图书状态 : String
🔑入库日期 : Date
🔑bookDbObj
◆getBibliothecaInfo()
◆getBarcodeMax()
◆bookAdd()
◆bookTotalNumAdd()
◆createTableTemp()

供参考的"图书类"的类图如图 7-52 所示。

图 7-52 供参考的"图书类"的类图

【任务 7-9】绘制"条码编制与图书入库界面类"的类图

【任务描述】

设计图书管理系统的"条码编制与图书入库界面类",且使用 Rational Rose 绘制"条码编制与图书入库界面类"的类图。

【操作提示】

"条码编制与图书入库界面类"的主要方法有创建窗体对象、获取书目数据、显示待入库图书、编制与显示图书条码、图书入库等。

供参考的"条码编制与图书入库界面类"的类图如图 7-53 所示。

图 7-53 供参考的"条码编制与图书入库界面类"的类图

【任务 7-10】绘制"条码编制与图书入库"的顺序图

【任务描述】

分析图书管理系统"条码编制与图书入库"所涉及的类、方法及其实现过程，使用 Rational Rose 绘制"条码编制与图书入库"的顺序图。

【操作提示】

"条码编制与图书入库"涉及的参与者是图书管理员，涉及的类有"条码编制与图书入库界面类""图书类"和"数据库操作类"。调用"条码编制与图书入库界面类"的方法创建窗口界面，调用"条码编制与图书入库界面类""图书类"和"数据库操作类"的有关方法获取书目数据、显示待入库图书、选择待入库图书、编制与显示图书条码。然后调用有关方法实现图书入库、更新总藏书数量和现存数量等。

供参考的"条码编制与图书入库"的顺序图如图 7-54 所示。

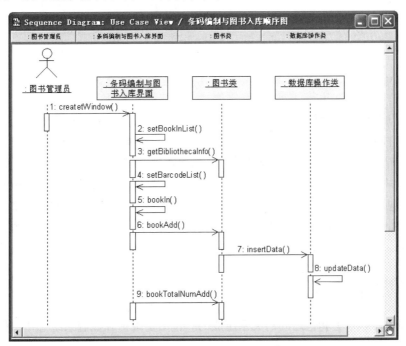

图 7-54 供参考的"条码编制与图书入库"的顺序图

【任务7-11】绘制"条码编制与图书入库"的活动图

【任务描述】

分析图书管理系统中"条码编制与图书入库"的动作状态或活动状态、决策以及各个状态的转换，使用 Rational Rose 绘制条码编制与图书入库的活动图。

【操作提示】

"条码编制与图书入库"过程主要涉及以下活动或动作：显示待入库图书数据、选择待入库图书、编制与显示图书条码、图书入库、更新总藏书数量和现存数量。

供参考的"条码编制与图书入库"的活动图如图 7-55 所示。

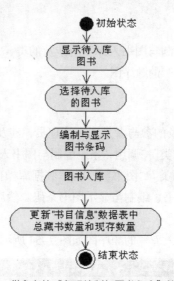

图 7-55 供参考的"条码编制与图书入库"的活动图

单元小结

构建"包"是组织和管理模型元素的一种有效方法，可以减少模型的规模。组件图用于描述软件的各种组件和它们之间的依赖关系。部署图描述系统在网络上的物理部署。

本单元分析了图书管理系统的业务需求、功能模块和操作流程；分析了图书管理系统的参与者、用例和类；构建了图书管理系统的用例图、类图、顺序图、活动图、包图、组件图和部署图。本单元介绍了包图的组成及绘制方法，介绍了组件图的组成及应用，部署图的概念及组成，还介绍了 Rational Rose 的模型的导出与导入、发布等内容。由于大部分图的绘制方法在前面各个单元中已予以介绍，本单元重点介绍了 Rational Rose 中包图、组件图和部署图的绘制方法。

单元习题

（1）包图由（　　　　）和包之间的关系组成的。包图是维护和控制系统总体结构的重要建模工具。

（2）在 UML 的包图中，每个包都必须有一个与其他包相区别的名称，它有两种形式:(   )和(   )。

（3）组件图中通常包含 3 种元素 :(   )(   )和组件之间的依赖关系。

（4）在 UML 图中，组件和接口之间不同的连接线表示不同的关系，其中，接口和组件之间用实线连接表示它们之间是（   ）关系，用虚线连接表示它们之间是（   ）关系。

（5）部署图主要由(   )和关联关系组成,部署图中的节点可以分为(   )和设备两种类型。

（6）一个系统最多可以有（   ）个部署图。

（7）简述 UML 组件图可以表示哪些组件类型。

（8）简述 Rational Rose 中绘制组件图的基本步骤。

（9）简述 UML 部署图中有哪些节点类型，各有什么特点。

（10）简述 Rational Rose 中绘制部署图的基本步骤。

单元8
Web应用系统建模

08

Web技术的发展，使得应用Web技术开发应用系统变得更方便，且功能更强大。使用UML对Web应用系统建模，充分利用Web技术和组件技术，提高软件的开发效率。在Web应用系统建模时，UML完善的组件建模思想和可视化建模的优势更有利于系统开发人员理解程序流程和功能，进一步提高Web应用系统的开发效率以及Web组件的可重用性和可修复性。

本单元将对一个基于Web的网上书店系统进行分析、设计和建模，介绍UML在基于Web技术和组件技术的Web应用系统建模中的应用。

教学导航

教学目标	（1）理解 Web 应用系统的 UML 建模方法 （2）学会对 Web 应用系统进行需求分析 （3）学会构建 Web 应用系统的用例图、类图、组件图和部署图 （4）学会构建 Web 应用系统的顺序图、通信图和活动图
教学重点	（1）Web 应用系统的 UML 建模方法 （2）构建 Web 应用系统的用例图、类图、组件图和部署图 （3）构建 Web 应用系统的顺序图、通信图和活动图
教学方法	任务驱动教学法、分组讨论法、自主学习法、探究式训练法
课时建议	8 课时

前导训练

【任务 8-1】探析网上书店系统的基本功能

【任务描述】

（1）创建一个 Rose 模型，将其命名为"08Web 应用系统模型"，且保存在本单元对应的文件夹中。

（2）分析网上书店系统所要实现的主要功能。

【操作提示】

1. 创建 Rose 模型

启动 Rational Rose，然后单击菜单【File】→【Save】，或者单击工具栏中的【Save】按钮 ⊞。如果是创建模型之后的第一次保存操作，则会弹出一个【Save As】对话框，在该对话框选择模型文件的保存位置，且输入模型文件名称"08Web 应用系统模型"，然后单击【Save】按钮即可。

2. 分析网上书店系统所要实现的主要功能

图书被认为是最适合在 Internet 上销售的商品之一，主要原因是购书的金额比较少，也不像买衣服那样需要货比三家，客户坐在家中就可以通过网络查询到需要的图书，并决定是否需要购买。

站在客户的角度分析网上书店所要实现的基本功能，主要有以下几项。

（1）用户注册。

（2）用户登录。

（3）图书查询与浏览。

（4）用户订购图书。

（5）用户购物车管理。

（6）订单维护。

（7）个人信息维护。

当客户进入网上书店后，无须登录，就可查询图书，还可查看图书的详细信息。

每个用户必须经过注册，才能成功登录系统。用户成功登录系统后，可以订购图书，将图书放入购物车中。也可以对购物车进行管理，修改所购图书的数量或删除图书等。一次订购图书操作完成后，用户可以查看自己的订单，也可以对订单进行修改，订单所需信息填写完整后，经用户确认后即可提交订单。

站在管理员的角度分析网上书店所要实现的基本功能，主要有以下几项。

（1）图书管理。

（2）会员管理。

（3）订单处理与查询。

（4）图书销售情况查询。

（5）报表维护。

网上书店的管理员具有所有的管理权限，可以对图书、会员等对象进行管理，处理与查询订单，查询图书销售情况、维护报表。但是普通工作人员一般只具有订单处理的权限，他们获得客户提交的订单，并根据库存情况来决定发货或者推迟发货。

引例探析

苏宁易购·书城的首页如图 8-1 所示。

图 8-1 苏宁易购·书城的首页

网上书店一般采用多层架构设计，其逻辑结构如图 8-2 所示。

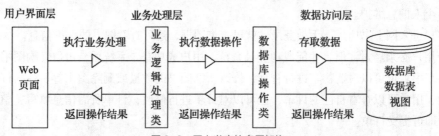

图 8-2 网上书店的多层架构

网上书店的 Web 页面主要有登录与浏览页面、购物车页面、订单页面、图书管理页面、图书信息管理页面、订单处理页面等。业务逻辑处理类主要有图书类、购物车类、订单类与用户类等。

1. 认知 Web 应用系统

对于基于 Web 技术的应用系统一般采用 B/S 模式，即用户直接面对的是客户端浏览器，用户在使用系统时，通过浏览器发送请求，发送请求之后的事务逻辑处理和数据的逻辑运算由服务器与数据库管理系统共同完成。运算后所得到的结果再以浏览器可以识别的方式返回到客户端浏览器，用户通过浏览器查看运行结果。

Web 应用系统的基本构架包括浏览器、网络和 Web 服务器。浏览器向服务器请求 Web 页，Web 页面可能包含由浏览器解释执行的客户端脚本（JavaScript 程序），而且还可以与浏览器、页面内容和页面中包含的其他控件（Java Applet、ActiveX 控件等）进行交互。用户向 Web 页输入信息或通过超级链接导航到其他页面，与系统进行交互。

2. 认知电子商务与电子商务系统

电子商务，是指在 Internet 上进行商务活动。具体是指利用各种电子工具和网络，高效率、低成本地从事以商品交换为中心的各种商业贸易活动。电子商务的一个重要技术特征是利用 Web 技术来传输和处理商业信息。

电子商务系统是保证以电子商务为基础的网上交易实现的体系。市场交易是由参与交易的双方在平等、自由、互利的基础上进行的基于价值的交换。网上交易同样遵循上述原则。交易中两个有机组成部分，一是交易双方信息沟通，二是双方进行等价交换。在网上交易，其信息沟通是通过数字化的信息沟通渠道实现的，一个首要条件是交易双方必须拥有相应的信息技术工具，才有可能利用基于信息技术的沟通渠道进行沟通。同时要保证能通过 Internet 进行交易，必须要求企业、组织和消费者连接到 Internet，否则无法利用 Internet 进行交易。在网上进行交易，交易双方在空间上是分离的，为保证交易双方进行等价交换，必须提供相应的货物配送手段和支付结算手段。货物配送仍然依赖传统物流渠道，对于支付结算既可以利用传统手段，也可以利用先进的网上支付手段。此外，为保证企业、组织和消费者能够利用数字化沟通渠道，保证交易的配送和支付顺利进行，需要由专门提供这方面服务的中间商参与，即电子商务服务商。

电子商务系统，广义上是指支持电子商务活动的电子技术手段的集合。狭义上是指在 Internet 和其他网络的基础上，以实现企业电子商务活动为目标，满足企业生产、销售、服务等生产和管理的需要，支持企业的对外业务协作，从运作、管理和决策等层次全面提高企业信息化水平，为企业提供商业智能的计算机系统。

✎ **方法指导**

Web 应用系统的 UML 建模的相关知识如下所示。

UML 是一种通用的可视化建模语言，适用于各种软件开发方法、软件生命周期的各个阶段、各种应用领域以及各种开发工具。但在对 Web 应用系统进行建模时，它的一些构件不能与标准 UML 建模元素一一对应，因此必须对 UML 进行扩展。

UML 支持自身的扩展或调整，以便使其与一个特定的方法、组织或用户相一致。UML 中包含三种主要的扩展组件：构造型、标记值和约束。构造型是由建模者设计的新模型元素，新模型元素的设计要以 UML 已定义的模型元素为基础，它不能改变原模型的结构，但是却可以在模型元素上附加新的语义，通常用 "<< 构造型名称 >>" 来表示。标记值是附加到任何模型元素上的命名的信息块，是对模型元素特性的扩展，大多数的模型元素都有与之关联的特性，通常用带括号的字符串表示。约束是用某种形式化语言或自然语言表达的语义关系的文字说明，定义了模型如何组织在一起，通常用一对花括号 "{}" 之间的字符串表示。

UML 的这些扩展组件在不改变 UML 定义的元模型自身的语义的条件下，提供了扩展 UML 模型元素语义的方法。UML 的扩展特性使得 UML 的应用领域不仅仅局限于软件建模。

Web 页面、表单、脚本是 Web 应用系统的关键组成部分，下面简单介绍一下这几种元素的模型化表示方法。

（1）Web 页面建模

用户在使用 Web 应用系统时，是通过 Web 页面对系统进行操作，在页面建模过程中，可以用两个类别模型 <<Client Page>> 和 <<Server Page>> 分别表示客户端页面和服务器端页面，两者之间通过定向关系相互关联。在使用页面信息传递时，还可能出现服务器页面的重定向，在 UML 建模过程，可以使用类别模板 <<Redirect>> 来表示；而有的 Web 页面可能同时包含客户端脚本和服务器脚本，因此必须分别进行建模，服务器端 Web 页面一般包含由服务器执行的脚本，每一次被请求时都在服务器上组合，更新业务逻辑状态，返回给浏览器，并可以与客户端组件相关联，例如 Java Applet、ActiveX 控件、插件等，这种关联关系用类别模板 <<Build>> 表示。这种关联是一种单向关联，由服务器页面指向客户端页面。

在 Web 应用系统中，还会经常使用超级链接，在 UML 建模过程中，将用类别模板 <<link>> 表示超级链接，它的参数模拟为超链接属性。

（2）表单建模

在 Web 应用系统中，经常遇到系统需要与用户进行交互的情况，用户与系统之间的交互一般通过页面中的表单实现。表单是 Web 页面的基本输入机制，在表单中可以包括 <input>、<select> 和 <textarea> 等表单元素。在 UML 建模过程中，表单用类别模板 <<form>> 表示。表单在处理请求时，要与 Web 页面交换数据，这个交换过程是用提交按钮 submit 来完成的，为了在建模中表示这种关系，可以用类别模板 <<submit>> 表示。

（3）组件建模

Web 应用系统中的组件分为服务器组件和客户端组件两类。服务器端较复杂的业务逻辑通常由中间层完成，包括一组封装了所有业务逻辑的已编译好的组件。因此，使用中间层不仅可以提高性能，而且可以共享整个应用程序的业务功能。客户端 Web 页面中常用的组件是 Java Applet 和 ActiveX，通常利用它们访问浏览器和客户端的各种资源，实现 HTML 无法实现的功能。

UML 基本的图形化建模元素设立了专门的组件图。Web 应用扩展定义了类别模板，用 <<Client Component>> 表示客户端组件，用 <<Server Component>> 表示服务器端组件。

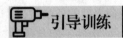
引导训练

【任务 8-2】构建网上书店系统的软件模型

【任务描述】

（1）对网上书店系统进行需求分析，确定网上书店系统的参与者和用例。
（2）绘制网上书店的用例图、类图、顺序图、通信图、活动图、组件图和配置图。

【任务实施】

1. 绘制网上书店的用例图

（1）确定参与者

网上书店的参与者主要有：客户、管理员和普通员工。

（2）确定用例

网上书店的用例主要包括三个方面，客户的用例主要包括：用户注册、用户登录、图书查询与浏览、（用户）订购图书、（用户）购物车管理、订单维护和个人信息维护。管理员的用例主要包括：图书管理、用户管理、订单处理与查询、图书销量情况查询和报表维护。普通员工的用例主要包括订单处理与查询等。

（3）绘制用例图

客户的用例图如图 8-3 所示。

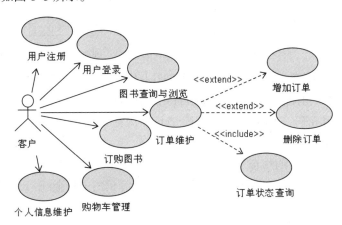

图 8-3　客户的用例图

管理员与普通员工的用例图如图 8-4 所示。

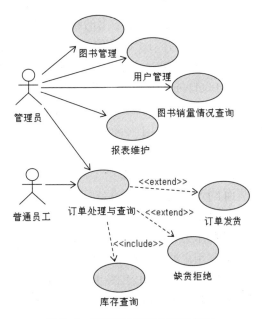

图 8-4　管理员与普通员工的用例图

2. 绘制网上书店的类图

（1）分析网上书店主要的 Web 页面

网上书店主要的 Web 页面类如图 8-5 所示。

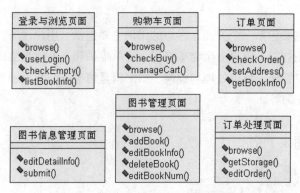

图 8-5　网上书店主要的 Web 页面类

① 登录与浏览页面类主要实现用户登录和图书信息查询、浏览等功能，其主要方法有：browse() 用于显示登录与浏览页面、userLogin() 用于执行用户登录操作、checkEmpty() 用于检查是否已输入用户 ID 和密码、listBookInfo() 用于查询、浏览图书信息。

② 购物车页面类主要实现对用户购物信息的管理，其主要方法有：browse() 用于显示购物车页面、checkBuy() 用于判断购物车是否为空、manageCart() 用于对购物车进行管理，包括在购物车页面中添加图书到购物车、移除购物车中的图书、计算机图书总金额、更新图书数量、清空购物车等操作。

③ 订单页面类主要实现对订单的维护，其主要方法有：browse() 用于显示订单页面、checkOrder() 用于判断订单是否添加了订购的图书、setAddress() 用于设置送货地址和送货方式、getBookInfo() 用于获取订单中所订购图书的信息。这里暂没有考虑设置付款方式。

④ 图书管理页面类主要实现对网上书店中图书的新增、修改与删除等操作，对于第一次新添加的图书必须添加完整的图书信息，对于已有的图书只需修改图书数量即可。其主要方法有：browse() 用于显示图书管理页面、addBook() 用于新增图书、editBook() 用于修改图书信息、deleteBook() 用于移除图书、editBookNum() 用于修改现有图书的数量。

⑤ 图书信息管理页面类主要用于编辑图书的详细信息，其主要方法有：editDetailInfo() 用于新增或修改图书的详细信息、submit() 用于将新增的图书或修改的图书信息保存到相应的数据表中。

⑥ 订单处理页面类主要用于管理员或普通员工对用户订单进行处理，其主要方法有：browse() 用于显示订单处理页面、getStorage() 用于获取订购图书的库存数量、editOrder() 用于更新订单。对于已发货的订单，将订单状态更新为"发货"；对于缺货的订单，将订单状态设置为"缺货"。

（2）分析与绘制图书类、购物车类、订单类与用户类的类图

图书类、购物车类、订单类与用户类的类图如图 8-6 所示。

① 图书类的属性主要包括图书 ID（bookID）、图书名称（bookName）、图书价格（bookPrice）、库存数量（storeNum）等，其方法主要有：searchBook() 用于查询图书、addBook() 用于增加图书、editBook() 用于编辑图书信息、deleteBook() 用于删除图书、listDetailInfo() 用于显示图书详细信息、updateNum() 用于更改图书现有数量。

② 购物车类的属性主要包括图书 ID（bookID）、图书名称（bookName）、图书价格（bookPrice）、购买数量（buyNum）等，其方法主要有：addBook() 用于新增图书、delBook() 用于移除图书、editNum() 用于更新购买图书数量、calMoney() 用于计算购买图书的总金额、clearCart() 用于清空购物车。

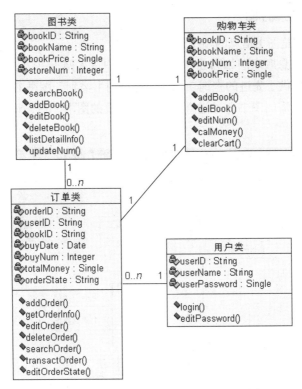

图 8-6　图书类、购物车类、订单类与用户类的类图

③ 订单类的属性主要包括订单 ID（orderID）、用户 ID（userID）、图书 ID（bookID）、购买日期（buyDate）、购买数量（buyNum）、总金额（totalMoney）、订单状态（orderState）。其方法主要有：addOrder() 用于新增订单、getOrderInfo() 用于获取订单信息、editOrder() 用于修改订单信息、deleteOrder() 用于删除订单、searchOrder() 用于查询订单、transactOrder() 用于处理订单、editOrderState() 用于更新订单状态。

④ 用户类的属性主要包括用户 ID（userID）、用户名称（userName）、用户密码（userPassword）等。其主要方法有：login() 用于登录系统、editPassword() 用于修改密码。

从图 8-6 可以看出，图书类与购物车类为一对一关系，即对于同一个客户的购物车中，同一本图书只会出现一次，如果订购多本图书，则数量会大于 1。

购物车类与订单类为一对一关系，即对于同一个客户所购图书，在该客户对应订单中只会出现一次。

图书类与订单类为一对多关系，即不同的客户可能会订购同一本图书，同一本图书在订单中可能会出现多次，也可能没有出现。

用户类与订单类为一对多关系，即一个用户可能会有多个订单。

（3）分析数据库操作类

网上书店的公共类主要有数据库操作类，其类图如图 8-7 所示。其主要方法有：getData() 用于从数据表中检索所需的数据、insertData() 用于向数据表中插入新记录、updateData() 用于更新数据表中的数据、editData() 用于修改数据表中的数据、deleteData() 用于删除数据表的记录。

图 8-7　数据库操作类的类图

3. 绘制网上书店的顺序图

（1）绘制查询与浏览图书信息的顺序图

查询与浏览图书信息顺序图如图 8-8 所示，当客户进入网上书店后，无须登录，就可以浏览图书。网上书店还提供了先进的查询功能，即通过图书类别、图书 ID、图书名称等信息从浩瀚的书海中迅速找到所需的图书。通过查询找到所需要的图书之后，还可以查看该图书的详细信息。

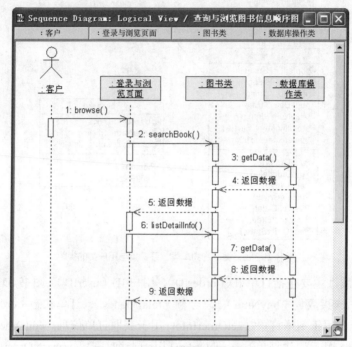

图 8-8　查询与浏览图书信息顺序图

（2）绘制用户登录的顺序图

用户登录顺序图如图 8-9 所示，客户在"登录与浏览页面"输入正确的用户名和密码后，单击【登录】按钮，然后调用"用户类"的 login() 方法验证是否合法用户。如果该客户已成功注册，为合法用户则返回成功登录的提示信息，否则返回登录失败的提示信息。

说明

为了简化顺序图，后面的顺序图将省略操作的返回信息。

（3）绘制客户订购的顺序图

客户订购顺序图如图 8-10 所示。客户订购图书时，首先必须登录。登录成功后，可以选择所需的图书，也可以查看图书的详细信息。在浏览图书列表或浏览图书的详细信息时可以单击【购买】按钮，将所选图书放入购物车中。选择图书完成后，客户可以跳转到购物车页面对购物车进行管理，包括修改所购图书数量、删除图书等。在购物车页面单击【继续选购】按钮可以返回到图书列表继续选购图书。如果单击【结算】按钮，则跳转到订单页面，设置送货地址、送货方式、支付方式等，对订单进行处理后单击【提交】按钮，提交成功后则可以生成订单且将订单信息发送到服务器中，等待管理员进行处理，这样一次订购操作便完成。

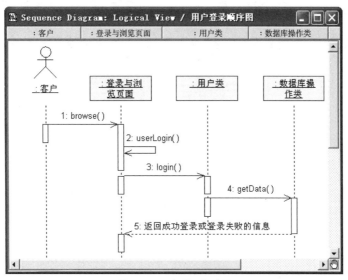

图 8-9　用户登录顺序图

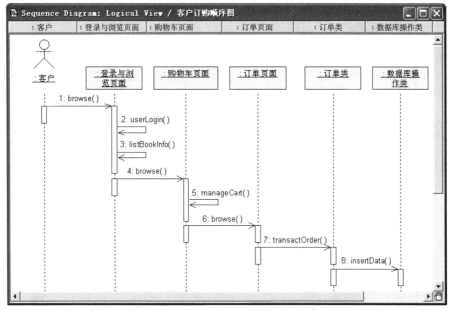

图 8-10　客户订购顺序图

（4）绘制图书管理的顺序图

图书管理顺序图如图 8-11 所示。普通员工登录系统后，跳转到图书管理页面，在该页面新增图书。对于第一次新增加的图书，打开图书信息管理页面，在该页面添加图书的详细信息，然后提交；对于已有的图书，在图书信息管理页面，修改图书数量，然更新数据表中的图书数量。

（5）绘制处理订单的顺序图

处理订单顺序图如图 8-12 所示。管理员成功登录系统后，跳转到订单处理页面编辑用户提交的订单，如果订单对应图书的库存数量足够，则接收订单且组织发货，同时更新客户订单状态。

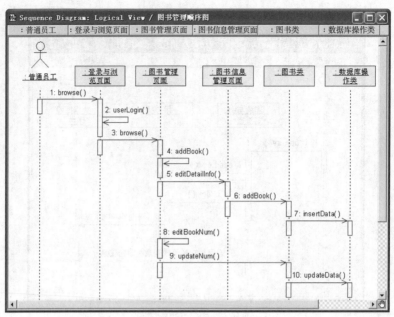

图 8-11 图书管理顺序图

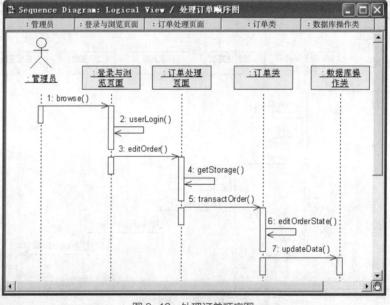

图 8-12 处理订单顺序图

4. 绘制网上书店的通信图

客户订购通信图如图 8-13 所示，其含义与客户订购顺序图相同。

5. 绘制网上书店的活动图

（1）绘制客户购书的活动图

客户购书的活动图如图 8-14 所示。用户首先登录图上书店，登录成功后，查询与浏览图书，显示图书列表，在图书列表中选择所需购买的图书，且将所选图书放入购物车中。如果需要浏览图书详细信息，则跳转到显示图书详细信息的页面，然后再将所选图书放入购物车中。客户可以跳转到购物车管理页面，查看已选图书情况，也可以修改图书数量或者删除已选图书。如果需要继续购书则在购物车页面单击【继续选购】按钮返回到图书列表继续选购图书。如果选购完成则单击【结算】按钮，跳转到订单管理页面设置送货地址、送货方式、支付方式等订单信息，对订单进行处理后单击【提交】按钮，提交成功后则可以生成订单，跳转到网络支付模块支付所需的资金。

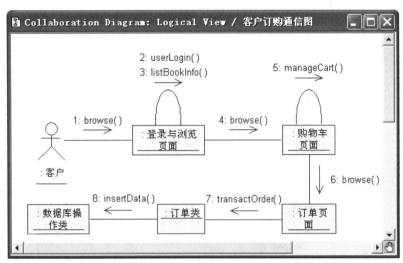

图 8-13　客户订购通信图

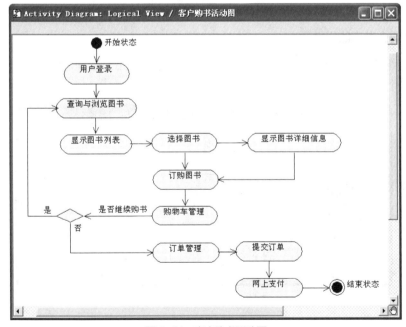

图 8-14　客户购书活动图

（2）绘制订单处理的活动图

订单处理活动图如图 8-15 所示。客户提交订单后，且通过网上结算中心支付了所需的资金，等待查询订单状态。与此同时，管理员或普通员工接收到客户提交的订单，如果订单对应图书的库存数量足够，则接收订单且组织发货，同时更新客户订单状态。如果订单对应的图书库存数量不够，则拒绝该订单，该订单处理缺货状态。

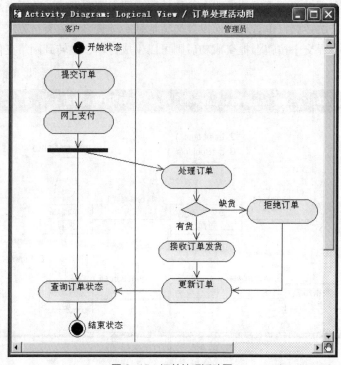

图 8-15　订单处理活动图

6. 绘制网上书店的组件图

网上书店组件图如图 8-16 所示，包括用户注册与登录、用户管理、图书管理、购书管理和订单管理等多个组件。

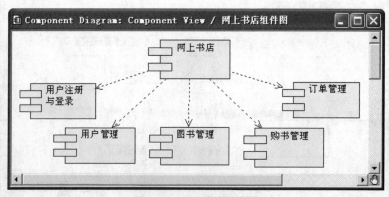

图 8-16　网上书店组件图

7. 绘制网上书店的部署图

网上书店系统由多个节点构成，应用服务器负责系统的整体协调工作，数据库服务器负责数据管理。客户机通过 Internet 与应用服务器相连，这样管理员可能通过 Internet 管理应用服务器，客户可以通过 Internet 访问应用服务器购买图书。网上书店系统的部署图如图 8-17 所示。

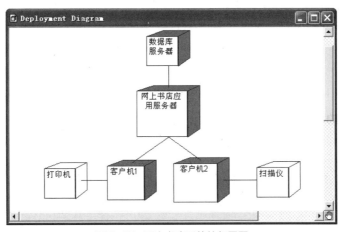

图 8-17　网上书店系统的部署图

【任务 8-3】绘制网上书店管理购物车模块的顺序图

【任务描述】

分析网上书店管理购物车模块所涉及的类、方法及其实现过程，使用 Rational Rose 绘制管理购物车模块的顺序图。

【操作提示】

客户成功登录后，就可以把图书放入购物车中，在购物车页面中可以将图书添加到购物车中、修改所购图书数量、删除图书、计算购买图书的金额。供参考的管理购物车的顺序图如图 8-18 所示。

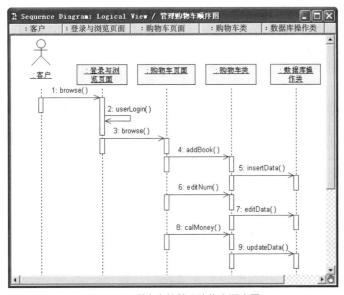

图 8-18　供参考的管理购物车顺序图

【任务 8-4】绘制网上书店用户注册的活动图

【任务描述】

分析网上书店中用户注册的动作状态或活动状态、决策以及各个状态的转换，使用 Rational Rose 绘制用户注册的活动图。

【操作提示】

选择一个知名的网上购物商城，体验其用户注册过程，分析网上购物商城中"用户注册"的动作状态或活动状态、决策以及各个状态的转换，然后参考其注册过程绘制网上书店用户注册的活动图。

单元小结

本单元介绍了 Web 应用系统的建模方法，以网上书店为例重点说明了 Web 应用系统的需求分析以及 Web 应用系统的用例图、类图、顺序图、通信图、活动图、组件图和部署图的绘制方法。

单元习题

（1）Web 应用系统的关键组成部分一般有（　　）、（　　）和脚本等。

（2）UML 中包含 3 种主要的扩展组件，它们分别是（　　）、（　　）和约束。

（3）构造型是一种优秀的（　　）机制，它不仅允许用户对模型元素进行必要的扩展和调整，还能够有效地防止 UML 变得过于复杂。要表示一个构造型，可以将构造型名称用一对（　　）括起来，然后放置在构造型模型元素名字的邻近。

（4）Web 应用程序建模时需要利用 UML 的（　　）机制对 UML 的建模元素进行扩展，对 Web 建模主要利用了 UML 的（　　）。

（5）在 Web 应用系统中，经常遇到系统需要与用户进行交互的情况，用户与系统之间的交互一般通过页面中的（　　）实现。表单是 Web 页面的基本输入机制，在 UML 建模过程中，表单用类别模板（　　）表示。

单元9
UML软件模型的实现

09

软件系统的各种UML模型只是设计模型，并非真实的系统。就好像房子的设计图纸是绘在纸上的蓝图，而并不是真实的房子，按照设计图纸施工后才能建成房子。软件系统要实现其真实的功能，必须将软件模型转换为可执行的系统，这就是UML模型的实现。现在，已有一些UML建模工具（例如Rational Rose）可以根据UML模型自动生成软件系统的主要框架代码，在此基础上，系统开发人员可以再补充必须的系统细节，使软件系统成为可用的系统。

本单元以"用户登录"模块为例说明如何将UML模型转换为可用的系统，主要包括构建多层架构、创建类、编写类代码、设计程序界面、编写程序代码、模块测试等方面。

▷ 教学导航

教学目标	（1）理解基于 UML 的分析设计与系统建模 （2）熟练设计 UML 模型 （3）学会建立数据库和数据表 （4）学会构建模块级多层架构 （5）学会根据类图创建类与编写类代码实现所需的功能 （6）学会根据系统界面类图设计程序界面 （7）学会根据用例图、类图、顺序图、活动图等 UML 图编写程序代码 （8）学会测试模块
教学重点	（1）根据类图创建类与编写类代码实现所需的功能 （2）根据系统界面类图设计程序界面 （3）根据用例图、类图、顺序图、活动图等 UML 图编写程序代码
教学方法	任务驱动教学法、分组讨论法、自主学习法、探究式训练法
课时建议	10 课时

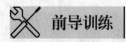

【任务 9-1】设计图书管理系统"用户登录"模块的 UML 模型

【任务描述】

绘制用户登录模块的用例图、类图、顺序图和活动图。

【任务实施】

1. 绘制"用户登录"模块的用例图

"用户登录"模块的用例图如图 9-1 所示。

2. 绘制"数据库操作类"的类图

"数据库操作类"的类图如图 9-2 所示。

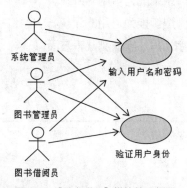

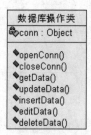

图 9-1 "用户登录"模块的用例图

图 9-2 "数据库操作类"的类图

3. 绘制"用户登录类"的类图

"用户登录类"的类图如图 9-3 所示。

4. 绘制"用户登录界面类"的类图

"用户登录界面类"的类图如图 9-4 所示。

图 9-3 "用户登录类"的类图

图 9-4 "用户登录界面类"的类图

5. 绘制"用户登录"的顺序图

"用户登录"操作的顺序图如图9-5所示。

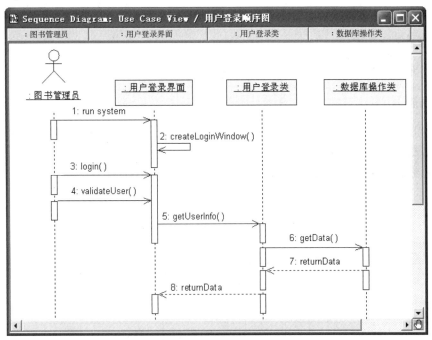

图9-5 用户登录的顺序图

6. 绘制"用户登录"的活动图

"用户登录"的活动图如图9-6所示。

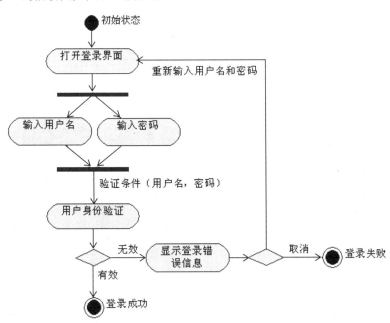

图9-6 "用户登录"的活动图

【任务 9-2】建立图书管理系统 "用户登录" 模块的数据库和数据表

【任务描述】

在 SQL Server 企业管理器中建立数据库，在该数据库中建立 "用户信息" 数据表。

【任务实施】

首先打开 SQL Server 企业管理器新建一个数据库，将其命名为 "bookData"。这样就创建了系统所需的数据库。

然后在该数据库中创建一个数据表 "用户信息"，该数据表的结构信息如表 9-1 所示，该数据表的记录示例如表 9-2 所示。

表9-1   "用户信息" 数据表的结构信息

列名	数据类型	长度	允许空	是否为主键	字段值是否自动递增
用户 ID	int	4	不允许	是	是
用户名	varchar	20	不允许		
密码	varchar	20	允许		
用户类型	varchar	20	允许		
启用日期	datetime	8	允许		
是否停用	bit	1	允许		

表9-2   "用户信息" 数据表的记录示例

用户编号	用户名	密码	用户类型	启用日期	是否停用
1	admin	admin	系统管理员	2022-12-04	True
2	安艳	123	图书借阅员	2022-12-15	True
3	林欢	123	系统管理员	2022-01-15	True
4	赵婷	123	图书管理员	2022-08-03	False
5	测试用户	123	图书管理员	2022-08-08	True

> **说明**
> 一般数据库名称、数据表名称和字段名称都应采用英文名称，为了便于区别程序代码中的关键词、预定义标识符、自定义标识符、数据表名称、视图名称、字段名称，本书中的数据表名称、字段名称都采用中文名称，视图名称采用英文名称。而在实际软件开发中建议都采用英文名称。

引例探析

图书管理系统的 "用户登录" 模块一般采用多层架构设计，其逻辑结构如图 9-7 所示。

在这种多层架构设计中，用户界面层只负责处理基本的界面操作，并将操作以调用的方式发给相应的业务处理层。业务处理层再根据业务逻辑进行必要的分析和处理，当需要进行数据处理时调用数据操作层。数据操作层将收到的任务组织成不同的数据操作，与数据库进行交互。然后数据操作层将所获取的数据返回给业务处理层，业务处理层将收到的结果进行处理之后再返回给用户界面层，用户界面层负责将处理结果反馈给用户。

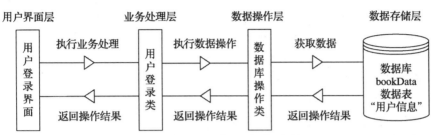

图9-7　"用户登录"模块的多层架构

这种多层架构设计，不但将常用的业务处理封装为类库的形式，而且将数据操作也进行封装，从而增强了代码的重用性，提高编程效率。

启动图书管理系统，首先出现图9-8所示的【用户登录】窗口。

然后在图9-8所示的窗体中，分别输入用户名"admin"和密码"admin"，结果如图9-9所示，然后单击【确定】按钮，出现图9-10所示提示信息，表示用户登录系统成功。

图9-8　启动图书管理系统出现【用户登录】窗口

图9-9　在【用户登录】窗口中输入正确的用户名和密码

图9-10　登录成功的提示信息

知识疏理

1. 软件的生存周期

软件生命周期（Systems Development Life Cycle，SDLC）是软件的产生直到报废的生命周期，周期内有问题定义、可行性分析、需求分析、概要设计、详细设计、编码、调试和测试、验收与运行、维护升级到废弃等阶段，这种按时间分阶段的思想方法是软件工程中的一种思想原则，即按部就班、逐步推进，每个阶段都要有定义、工作、审查、形成文档以供交流或备查，以提高软件的质量。但随着新的面向对象的设计方法和技术的成熟，软件生命周期设计方法的指导意义正在逐步减少。

概括地说，软件生命周期由软件定义、软件开发和运行维护（也称为软件维护）3个时期组成，每个时期又进一步划分成若干个阶段。

软件定义时期的任务是：确定软件开发工程必须完成的总目标；确定工程的可行性；导出实现工程目标应该采用的策略及系统必须完成的功能；估计完成该项工程需要的资源和成本，并且制定工程进度表。这个时期的工作通常又称为系统分析,由系统分析员负责完成。软件定义时期通常进一步划分成 3 个阶段,即问题定义、可行性分析和需求分析。

开发时期具体设计和实现在前一个时期定义的软件,它通常由下述 4 个阶段组成:概要设计、详细设计、编码和测试。其中前两个阶段又称为系统设计,后两个阶段又称为系统实现。

维护时期的主要任务是使软件持久地满足用户的需要。具体地说,当软件在使用过程中发现错误时应该加以改正;当环境改变时应该修改软件以适应新的环境;当用户有新要求时应该及时改进软件以满足用户的新需要。通常对维护时期不再进一步划分阶段,但是每次维护活动本质上都是一次压缩和简化了的定义和开发过程。

下面简要介绍软件生命周期每个阶段的基本任务。

(1)问题定义

问题定义阶段必须回答的关键问题是:"要解决的问题是什么?"如果不知道问题是什么就试图解决这个问题,显然是盲目的,只会白白浪费时间和金钱,最终得出的结果很可能是毫无意义的。尽管确切地定义问题的必要性是十分明显的,但是在实践中它却可能是最容易被忽视的一个步骤。

通过对客户的访问调查,系统分析员扼要地写出关于问题性质、工程目标和工程规模的书面报告,经过讨论和必要的修改之后这份报告应该得到客户的确认。

(2)可行性分析

这个阶段要回答的关键问题是:"对于上一个阶段所确定的问题有行得通的解决办法吗?"为了回答这个问题,系统分析员需要进行一次大大压缩和简化了的系统分析和设计过程,也就是在较抽象的高层次上进行的分析和设计过程。可行性分析应该比较简短,这个阶段的任务不是具体解决问题,而是研究问题的范围,探索这个问题是否值得去解,是否有可行的解决办法。

可行性分析的结果是使部门负责人做出是否继续进行这项工程的决定的重要依据,一般说来,只有投资可能取得较大效益的那些工程项目才值得继续进行下去。可行性分析以后的那些阶段将需要投入更多的人力和物力。及时终止不值得投资的工程项目,可以避免更大的浪费。

(3)需求分析

这个阶段的任务仍然不是具体地解决问题,而是准确地确定"为了解决这个问题,目标系统必须做什么",主要是确定目标系统必须具备哪些功能。

用户了解他们所面对的问题,知道必须做什么,但是通常不能完整准确地表达出他们的要求,更不知道怎样利用计算机解决他们的问题;软件开发人员知道怎样用软件实现人们的要求,但是对特定用户的具体要求并不完全清楚。因此,系统分析员在需求分析阶段必须和用户密切配合,充分交流信息,以得出经过用户确认的系统逻辑模型。通常用数据流图、数据字典和简要的算法表示系统的逻辑模型。

在需求分析阶段确定的系统逻辑模型是以后设计和实现目标系统的基础,因此必须准确完整地体现用户的要求。这个阶段的一项重要任务,是用正式文档准确地记录对目标系统的需求,这份文档通常称为需求规格说明书。

(4)概要设计

这个阶段必须回答的关键问题是:"概括地说,应该怎样实现目标系统?"概要设计又称为总体设计。

首先,应该设计出实现目标系统的几种可能的方案。通常至少应该设计出低成本、中等成本和高成本 3 种方案。软件工程师应该用适当的表达工具描述每种方案，分析每种方案的优缺点，并在充分权衡各种方案的利弊的基础上，推行一个最佳方案。此外，软件工程师还应该制定出实现最佳方案的详细计划。如果客户接受所推荐的方案，则应该进一步完成另一项主要任务：设计程序的体系结构。

上述设计工作确定了解决问题的策略及目标系统中应包含的程序，但是，怎样设计这些程序呢？软件设计的一条基本原理就是，程序应该模块化，也就是说一个程序应该由若干个规模适中的模块按合理的层次结构组织而成。因此，总体设计的另一项主要任务就是设计程序的体系结构，也就是确定程序由哪些模块组成以及模块间的关系。

（5）详细设计

总体设计阶段以比较抽象概括的方式提出了解决问题的办法。详细设计阶段的任务就是把解法具体化，也就是回答下面这个关键问题："应该怎样具体地实现这个系统呢？"

这个阶段的任务还不是编写程序，而是设计出程序的详细规格说明。这种规格说明的作用很类似于其他工程领域中工程师经常使用的工程蓝图，它们应该包含必要的细节，程序员可以根据它们写出实际的程序代码。

详细设计也称为模块设计，在这个阶段将详细地设计每个模块，确定实现模块功能所需要的算法和数据结构。

（6）编码和单元测试

这个阶段的关键任务是写出正确的容易理解、容易维护的程序模块。

程序员应该根据目标系统的性质和实际环境，选取一种适当的高级程序设计语言（必要时用汇编语言），把详细设计的结果翻译成用选定的语言书写的程序，并且仔细测试编写出的每一个模块。

（7）综合测试

这个阶段的关键任务是通过各种类型的测试（及相应的调试）使软件达到规定的要求。

最基本的测试是集成测试和验收测试。所谓集成测试是根据设计的软件结构，把经过单元测试检验的模块按某种选定的策略装配起来，在装配过程中对程序进行必要的测试。所谓验收测试则是按照规格说明书的规定（通常在需求分析阶段确定），由用户（或在用户积极参加下）对目标系统进行验收。必要时还可以再通过现场测试或平行运行等方法对目标系统进一步测试检验。

为了使用户能够积极参加验收测试，并且在系统投入生产性运行以后能够正确有效地使用这个系统，通常需要以正式的或非正式的方式对用户进行培训。

通过对软件测试结果的分析可以预测软件的可靠性；反之，根据对软件可靠性的要求，也可以决定测试和调试过程什么时候可以结束。应该用正式的文档资料把测试计划、详细测试方案以及实际测试结果保存下来，作为软件配置的一个组成部分。

（8）软件维护

维护阶段的关键任务是，通过各种必要的维护活动使系统持久地满足用户的需要。

通常有 4 类维护活动：改正性维护，也就是诊断和改正在使用过程中发现的软件错误；适应性维护，即修改软件以适应环境的变化；完善性维护，即根据用户的要求改进或扩充软件使它更完善；预防性维护，即修改软件，为将来的维护活动预先做准备。

虽然没有把维护阶段进一步划分成更小的阶段，但是实际上每一项维护活动都应该经过提出维护要求（或报告问题）、分析维护要求、提出维护方案、审批维护方案、确定维护计划、修改软件设计、修改程序、测试程序、复查验收等一系列步骤，因此实质上是经历了一次压缩和简化了的软件定义和开发的全过程。每一项维护活动都应该准确地记录下来，作为正式的文档资料加以保存。

2. 程序设计的基本步骤

程序设计是给出解决特定问题程序的过程，是软件构造活动中的重要组成部分。程序设计往往以某种程序设计语言为工具，编写出这种语言下的程序。程序设计的基本步骤如下所示。

（1）分析问题

对于接受的任务要进行认真的分析，研究所给定的条件，分析最后应达到的目标，找出解决问题的规律，选择解题的方法，完成实际问题。

（2）设计算法

设计出解题的方法和具体步骤。

（3）编写程序

将算法翻译成计算机程序设计语言，对源程序进行编辑、编译和连接。

（4）运行程序，分析结果

运行可执行程序，得到运行结果。能得到运行结果并不意味着程序正确，要对结果进行分析，看它是否合理。不合理要对程序进行调试，即通过上机发现和排除程序中的故障的过程。

（5）编写程序文档

许多程序是提供给别人使用的，如同正式的产品应当提供产品说明书一样，正式提供给用户使用的程序，必须向用户提供程序说明书。内容应包括：程序名称、程序功能、运行环境、程序的装入和启动、需要输入的数据以及使用注意事项等。

3. 程序设计的一般方法

目前程序设计的方法主要有面向过程的结构化方法、面向对象的可视化方法。这些方法充分利用现有的软件工具，不但可以减轻开发的工作量，而且还使得系统开发的过程规范、易维护和修改。

（1）面向过程的结构化程序设计方法

① 采用自顶向下、逐步求精的设计方法。

② 采用结构化、模块化方法编写程序。

③ 模块内部的各部分自顶向下地进行结构划分，各个程序模块按功能进行组合。

④ 各程序模块尽量使用三种基本结构，不用或少用 GOTO 语句。

⑤ 每个程序模块只有一个入口和一个出口。

（2）面向对象的可视化程序设计方法

面向对象的可视化程序设计方法尽量利用已有的软件开发工具完成编程工作，为各种软件系统的开发提供了强有力的技术支持和实用手段。利用这些可视化的软件生成工具，可以大量减少手工编程的工作量，避免各种编程错误的出现，极大地提高了系统的开发效率和程序质量。

可视化编程技术的主要思想是用图形工具和可重用部件来交互地编制程序。它把现有的或新建的模块代码封装于标准接口软件包中。可视化编程技术中的软件包可能由某种语言的功能模块或程序组成，由此获得的是高度的平台独立性和可移植性。在可视化编程环境中，用户还可以自已构造可视控制部件，或引用其他环境构造的符合软件接口规范的可视控制部件，增加了编程的效率和灵活性。

可视化编程采用对象本身的属性与方法来解决问题，在解决问题的过程中，可以直接在对象中设计事件处理程序，很方便地让用户实现自由无固定顺序的操作。可视化编程的用户界面中包含各种类型的可视化控件，例如文本框、命令按钮、列表框等。编程人员在可视化环境中，利用鼠标便可建立、复制、移动、缩放或删除各种控件，每个可视化控件包含多个事件，利用可视化编程工具提供的语言为控件的事件程序编程，当某个控件的事件被触发，则相对应的事件驱动程序被执行，完成各种操作。

4. 软件系统界面设计概述

用户界面是软件系统与用户之间的接口，用户通过用户界面与应用程序交互，用户界面是应用程序的一个重要组成部分。用户界面决定了使用应用程序的方便程度，用户界面设计应坚持友好、简便、实用、易于操作的原则。

软件系统的程序设计一般包括两部分：一部分是用户界面的设计，另一部分才是业务逻辑的实现。用户界面是软件系统与用户之间的接口，用户通过用户界面与应用程序交互，用户界面是应用程序的一个重要组成部分。用户界面决定了使用应用程序的方便程度，用户界面设计应坚持友好、简便、实用、易于操作的原则。

一般用户界面被理解为当用户打开一个应用程序时出现在计算机显示器上的界面，实际上用户界面也包括系统的输入和输出部分，用户界面主要包括系统主界面、输入界面和输出界面。

5. 软件测试概述

简单地说，软件测试就是为了发现错误而执行程序的过程。软件测试是一个找错的过程，测试只能找出程序中的错误，而不能证明程序无错。测试要求以较少的用例、时间和人力找出软件中潜在的各种错误和缺陷，以确保软件系统的质量。

在电气与电子工程师协会（Institute of Electrical and Electronics Engineers，IEEE）所提出的软件工程标准术语中，软件测试的定义为"使用人工或自动手段来运行或测试某个系统的过程，其目的在于检验它是否满足规定的需求或弄清楚预期结果与实际结果之间的差别"。软件测试与软件质量是密切联系在一起的，软件测试归根结底是为了保证软件质量，而软件质量是以"满足需求"为基本衡量标准的，该定义明确提出了软件测试以检验是否满足需求为目标。

软件测试的主要工作是验证（verification）和确认（validation），验证是保证软件正确实现特定功能的一系列活动，即保证软件做了所期望的事情，确认是一系列的活动和过程，其目的是证实在一个给定的外部环境中软件的逻辑正确性。

方法指导

1. 基于 UML 的面向对象分析设计过程

UML 是一款功能强大的、面向对象的可视化系统分析的建模语言，它采用一整成套成熟的建模技术，广泛地适用于各个应用领域。它的各个模型可以帮助开发人员更好地理解业务流程，建立更可靠、更完善的系统模型。从而使用户和开发人员对问题的描述达到相同的理解，以减少语义差异，保证分析的正确性。

运用 UML 进行面向对象的系统分析设计，通常都要经过如下 3 个步骤。

（1）识别系统的用例和参与者。首先要对项目进行需求调研，分析项目的业务流程图和数据流程图，以及项目中涉及的各级操作人员，识别出系统中的所有用例和参与者；接着分析系统中各参与者和用例间的联系，使用 UML 建模工具画出系统的用例图；最后，勾画系统的概念层模型，借助 UML 建模工具描述概念层的类图和活动图。

（2）进行系统分析并抽象出类。系统分析的任务是找出系统的所有需求并加以描述，同时建立特定领域模型，建立模型有助于开发人员考察用例。从实现需求中抽象出类，并描述各个类之间的关系。

（3）设计系统，并设计系统中的类及其行为。设计阶段包括架构设计和详细设计，架构设计的任务是定义包、包间的依赖关系和主要通信机制。详细设计主要用来细化包的内容，清晰描述所有的类，同时使用 UML 的动态模型描述在特定环境下这些类实例的行为。

2. 系统建模的简单流程

UML 是一个通用的标准建模语言，可以对任何具有静态结构和动态行为的系统进行建模。此外，UML 适用于软件系统开发过程中从需求规格描述到系统测试的不同阶段。利用 UML 建造系统模型时，在系统开发的不同阶段有不同的模型，并且这些模型的目的是不同的。在系统分析阶段，建模的目的是捕获系统的需求，建立"现实世界"的类和协作的模型。在系统设计阶段，建模的目的是在考虑现实环境的情况下，将分析模型扩展为可行的技术方案。在系统实现阶段，模型是那些源代码。在系统部署阶段，模型描述了系统是如何在物理结构中部署的。

需求分析阶段可以使用用例图来描述用户需求。通过用例建模，描述对系统感兴趣的外部角色及其对系统的功能要求。每个用例指定了用户的需求。

系统分析阶段主要关心问题域中的主要概念（例如类、对象等）和机制，需要识别这些类以及它们之间的关系，并用 UML 类图来描述。在分析阶段，只对问题域的对象建模，而不考虑定义软件系统的技术细节。

系统设计阶段在考虑实现环境的情况下，将分析模型扩展为可行的技术解决方案。加入新的类来提供技术基础结构、用户接口、数据库等。系统设计阶段的结果是系统实施阶段的详细规格说明。

系统实现阶段，编写并编译源代码。系统部署阶段，描述系统的物理结构的部署。

编程是一个独立的阶段，其任务是用面向对象编程语言将来自设计阶段的类转换成实际的代码。在用 UML 建立分析和设计模型时，应尽量避免考虑把模型转换成某种特定的编程语言。因为在早期阶段，模型仅仅是理解和分析系统结构的工具，过早考虑编码问题十分不利于建立简单、正确的模型。

UML 模型还可以作为测试阶段的依据，系统通常需要经过单元测试、集成测试、系统测试和验收测试。不同的测试小组使用不同的 UML 图作为测试依据：单元测试使用类图和类规格说明；集成测试使用组件图和通信图；系统测试使用用例图来验证系统的行为是否符合图中的定义；验收测试由用户进行，以验证系统测试的结果是否满足在需求捕获阶段确定的需求。

尽管各个阶段的模型各不相同，但是它们通常都是通过对早期模型的内容进行扩展而建立的。正因为如此，所有的模型都应保存好，这样就可以容易地回顾、重做或扩展初始的分析模型，并且在设计阶段的模型和实现阶段的模型中逐渐引入所做的改变。系统建模的过程就是将任务划分为需求分析阶段、系统分析阶段、系统设计阶段、系统实现阶段、系统部署阶段，几个阶段连续迭代的过程。UML 建模的简单流程可以用 UML 的活动图模拟，如图 9-11 所示。

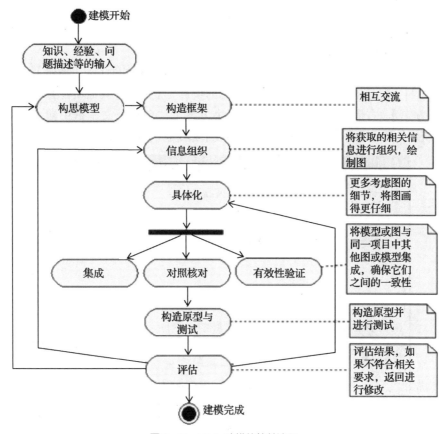

图 9-11 UML 建模的简单流程

引导训练

【任务 9-3】实现图书管理系统"用户登录"模块的软件模型

【任务描述】

（1）在 Visual Studio.NET 集成开发环境中创建应用程序解决方案，构建模块级多层架构。

（2）创建数据库操作 loginDbClass、创建业务处理类 loginAppClass，且编写类代码实现其所需的功能。

（3）设计用户登录界面。

（4）编写程序代码，实现用户登录的功能。

（5）测试用户登录模块的界面和功能。

【任务实施】

1. 构建图书管理系统模块级多层架构

（1）创建应用程序解决方案

① 启动 Microsoft Visual Studio，显示系统开发环境。

② 新建一个空白解决方案。

在【Microsoft Visual Studio】起始页中，单击选择菜单项【文件】→【新建】→【项目】，将弹出【新建项目】对话框。在该对话框中，左侧的项目类型选择【其他项目类型】中的【Visual Studio 解决方案】，右侧的模板选择【空白解决方案】，"名称"文本框中输入"用户登录"，如图 9-12 所示，然后单击【确定】按钮，就完成了系统解决方案的创建。

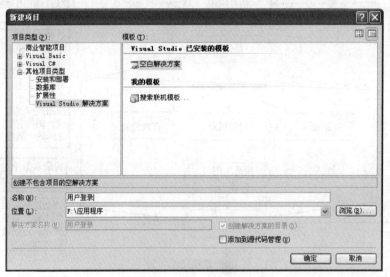

图 9-12 【新建项目】对话框

（2）创建数据库访问类库

由于图书管理系统需要频繁访问数据库，将常用的数据库访问和操作以类库形式进行封装，这样，需要进行数据库访问和操作时，只需要调用相应的类就可以了，既提高了开发效率，又可以减少错误。

在【解决方案资源管理器】中鼠标右键单击【解决方案"用户登录"（0 个项目）】，在弹出的快捷菜单中单击菜单项【新建项目】→【添加】，如图 9-13 所示。

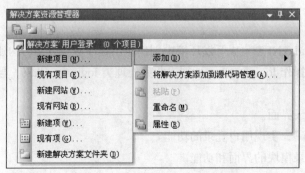

图 9-13 解决方案对应的快捷菜单

在打开【添加新项目】对话框中，左侧的项目类型选择【Visual C#】，右侧的模板选择【类库】，在"名称"文本框中输入"loginDB"，如图 9-14 所示。然后单击【确定】按钮，就完成了数据库访问类库的创建。

图 9-14　添加新类库的对话框

（3）创建业务处理类库

按照创建数据库访问类库的操作方法，创建一个业务处理类库，将其命名为"loginApp"。

（4）创建应用程序项目

在【解决方案资源管理器】中鼠标右键单击【解决方案"用户登录"（2 个项目）】，在弹出的快捷菜单中单击菜单项【新建项目】→【添加】，打开【添加新项目】对话框。在该对话框中，左侧的项目类型选择【Visual C#】，右侧的模板选择【Windows 应用程序】，在名称文本框中输入"loginUI"，如图 9-15 所示。然后单击【确定】按钮，就完成了应用程序项目的创建。

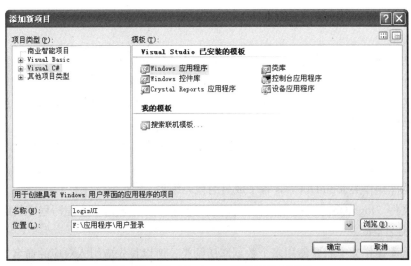

图 9-15　添加 Windows 应用程序的对话框

添加了三个项目的【解决方案资源管理器】如图 9-16 所示，各个项目中保留了系统自动添加的类文件"Class1.cs"或窗体"Form1.cs"。这样分层创建多个类库或应用程序项目，我们将数据库访问类库、业务处理类库和界面应用程序项目分别放置在不同的文件夹中，而解决方案文件则放在这些文件夹之外，这样有利于文件的管理，便于维护。

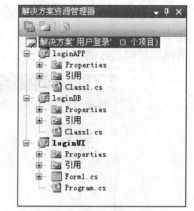

图9-16　添加了多个项目的
【解决方案资源管理器】窗口

2. 创建数据库操作类 loginDbClass

（1）数据库操作类 loginDbClass 各个成员的功能说明

根据数据库操作类的模型创建数据库操作类 loginDbClass，数据库操作类 loginDbClass 各个成员的功能如表 9-3 所示。

表9-3　loginDbClass类各个成员的功能

成员名称	成员类型	功能说明
conn	变量	数据库连接对象
openConn	方法	创建数据库连接对象，打开数据库连接
closeConn	方法	关闭数据库连接
getData	方法	根据传入的 SQL 语句生成相应的数据表，该方法有 1 个参数，即用于检索的 SQL 语句，该方法返回值是一个数据表
updateData	方法	根据传入的 SQL 语句更新相应的数据表，更新包括数据表记录的增加和删除以及记录数据的编辑，如果更新成功，返回值为"True"，否则返回更新失败的提示信息。该方法有一个参数，传递所执行的 SQL 语句
insertData	方法	向指定数据表中插入数据记录，如果成功插入记录则返回"True"，否则返回"False"。该方法有一个参数，传递所执行的 SQL 语句
editData	方法	修改指定数据表中的记录数据，如果成功修改数据则返回"True"，否则返回"False"。该方法有一个参数，传递所执行的 SQL 语句
deleteData	方法	根据指定的 SQL 语句删除指定数据表中的记录，如果成功删除记录则返回"True"，否则返回"False"。该方法有一个参数，传递所执行的 SQL 语句

（2）添加类

在【解决方案资源管理器】中鼠标右键单击类库【loginDB】，在弹出的快捷菜单中单击选择菜单项【添加】→【添加新项】，打开【添加新项】对话框，模板选择【类】，在"名称"文本框中输入类的名称"loginDbClass.cs"，如图 9-17 所示，然后单击【添加】按钮，这样便新建一个类，并自动打开类代码编辑器。

也可以直接将系统自动生成的类"Class1.cs"通过重命名的方法，将类文件名和类名都修改为"loginDbClass.cs"。

（3）数据库操作类 loginDbClass 各个成员的代码编写

双击类文件"loginDbClass.cs"，打开代码编辑器窗口，在该窗口中编写程序代码。

①引入命名空间。

由于数据库操作类中需要使用多个数据库访问类，所以首先应引入对应的命名空间，代码如下所示。

```
using System.Data;
using System.Data.SqlClient;
```

图 9-17 【添加新项】对话框

② 声明数据库连接对象。

数据库连接对象 conn 在类 loginDbClass 的多个方法中需要使用，所以将其定义为类 loginDbClass 的成员变量，代码如下所示。

```
SqlConnection conn;
```

③ 编写方法 openConn 的程序代码。

类 loginDbClass 的方法 openConn 的程序代码如表 9-4 所示。

表9-4 方法openConn的程序代码

行号	代码
01	public void openConn(string databaseServer,string databaseName)
02	{
03	string connstr;
04	if (databaseServer != "" && databaseName != "")
05	{
06	connstr = "Server=" + databaseServer + ";Database=" +
07	databaseName + ";Integrated Security=SSPI";
08	conn = new SqlConnection(connstr);
09	}
10	if (conn.State == System.Data.ConnectionState.Closed)
11	{
12	conn.Open();
13	}
14	}

④ 编写方法 closeConn 的程序代码。

类 loginDbClass 的方法 closeConn 的程序代码如表 9-5 所示。

表9-5 方法closeConn的程序代码

行号	代码
01	public void closeConn()
02	{
03	if (conn.State == System.Data.ConnectionState.Open)
04	{
05	conn.Close();
06	}
07	}

⑤ 编写方法 getData 的程序代码。

类 loginDbClass 的方法 getData 的程序代码如表 9-6 所示。

表9-6 方法getData的程序代码

行号	代码
01	`public DataTable getData(string commStr)`
02	`{`
03	`    openConn("(local)", "bookData");`
04	`    SqlDataAdapter adapterSql = new SqlDataAdapter(commStr, conn);`
05	`    DataSet ds=new DataSet() ;`
06	`    adapterSql.Fill(ds);`
07	`    closeConn();`
08	`    return ds.Tables[0];`
09	`}`

说明 　　由于【用户登录】窗体中没有使用 UpdateData()、insertData()、editData()、DeleteData() 这四个方法，所以本单元没写编写这四个方法代码。

3. 创建业务处理类 loginAppClass

（1）业务处理类 loginAppClass 各个成员的功能说明

根据业务处理类的模型创建业务处理类 loginAppClass，业务处理类 loginAppClass 各个成员的功能如表 9-7 所示。

表9-7 loginAppClass类各个成员的功能

成员名称	成员类型	功能说明
loginDBObj	变量	类 loginDbClass 的对象
getUserInfo	方法	根据检索条件获取相应的用户数据，该方法包含 2 个参数，用于获取用户输入的"用户名"和"密码"

（2）添加引用

在业务处理类 loginAppClass 中需要使用 loginDB 类库的 loginDbClass 类中所定义的方法，必须将类库 loginDB 添加到类库 loginApp 的引用中。

在【解决方案资源管理器】中，在类库名称"loginApp"位置单击鼠标右键，在弹出的快捷菜单中单击选择菜单项【添加引用】，打开【添加引用】对话框，在该对话框中单击选择【项目】选项卡，这时前面所创建的类库已经自动显示在项目列表中。单击选择类库"loginDB"，如图 9-18 所示。然后单击【确定】按钮即可。这样在 loginApp 类库中的各个类中就可以直接使用 loginDB 类库中的资源了。

（3）对自动生成的类重命名

将 loginApp 类库中自动生成的类"Class1.cs"重命名为"loginAppClass.cs"。

（4）业务处理类 loginAppClass 各个成员的代码编写

双击类文件"loginAppClass.cs"，打开代码编辑器窗口，在该窗口中编写程序代码。

① 声明类 loginDbClass 的对象。

对象 loginDBObj 在 loginAppClass 类的多个方法中需要使用，所以将其定义为类 loginAppClass 的成员变量，代码如下所示。

```
loginDB.loginDbClass loginDbObj =new loginDB.loginDbClass() ;
```

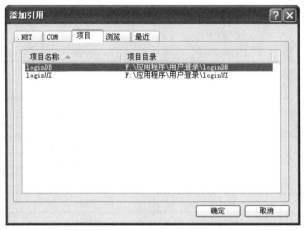

图 9-18　【添加引用】对话框

② 编写方法 getUserInfo 的程序代码。

方法 getUserInfo 的程序代码如表 9-8 所示。

表9-8　方法getUserInfo的程序代码

行号	代码
01	public DataTable getUserInfo(string userName, string password)
02	{
03	return loginDbObj.getData(" select 用户 ID, 用户名 , " +
04	" 密码 , 用户类型 , 启用日期 , 是否停用 " +
05	" from 用户信息 where 用户名 ='" + userName +
06	" ' And 密码 ='" + password + "'");
07	}

4. 设计【用户登录】程序界面

根据模块的界面类设计程序界面，实现界面类的功能。

（1）对自动生成的 Windows 窗体重命名

将自动生成的 Windows 窗体 "Form1.cs" 重命名为 "frmLogin.cs"。

（2）设计【用户登录】窗体外观

在窗体中添加 1 个 GroupBox 控件、1 个 PictureBox 控件、2 个 Label 控件、2 个 TextBox 控件和 2 个 Button 控件，调整各个控件的大小与位置，窗体的外观如图 9-19 所示。

图 9-19　【用户登录】窗体的外观设计

（3）设置窗体与控件的属性

【用户登录】窗体及控件的主要属性设置如表 9-9 所示。

表9-9 【用户登录】窗体及控件的主要属性设置

窗体或控件类型	窗体或控件名称	属性名称	属性设置值
Form	frmLogin	MaximumSize	False
		MinimumSize	False
		Text	用户登录
GroupBox	GroupBox1	Text	（空）
PictureBox	PictureBox1	Image	已有的图片
Label	lblUserName	Text	用户名（&U）：
		TextAlign	MiddleCenter
	lblPassword	Text	密 码（&P）：
		TextAlign	MiddleCenter
TextBox	txtUserName	Text	（空）
	txtPassword	PasswordChar	*
		Text	（空）
Button	btnOk	Text	确定
	btnCancel	Text	取消

5. 编写用户登录应用程序代码

根据模块的用例图、类图、顺序图、活动图编写程序代码，实现模块所需的功能。

（1）添加引用

在用户登录应用程序中需要使用 loginAppClass 类中所定义的方法，必须将类库 loginApp 添加到类库 loginUI 的引用中。

（2）编写【确定】按钮 Click 事件过程的程序代码

【确定】按钮 Click 事件过程的程序代码如表 9-10 所示。

表9-10 【确定】按钮Click事件过程的程序代码

行号	代码
01	private void button1_Click(object sender, EventArgs e)
02	{
03	loginAPP.loginAppClass loginObj = new loginAPP.loginAppClass();
04	if (txtUserName.Text== "")
05	{
06	MessageBox.Show("用户名不能为空，请输入用户名", "提示信息");
07	txtUserName.Focus();
08	}
09	DataTable dt = new DataTable();
10	dt = loginObj.getUserInfo(txtUserName.Text, txtPassword.Text);
11	if (dt.Rows.Count != 0)
12	{
13	MessageBox.Show("登录成功", "提示信息");
14	}
15	else
16	{
17	MessageBox.Show("用户名或者密码有误", "提示信息");
18	txtUserName.Focus();
19	}
20	}

（3）编写【取消】按钮 Click 事件过程的程序代码

【取消】按钮 Click 事件过程的程序代码如表 9-11 所示。

表9-11　【取消】按钮Click事件过程的程序代码

行号	代码
01	`private void btnCancel_Click(object sender, EventArgs e)`
02	`    {`
03	`        if (MessageBox.Show("你是否退出 ", "提示信息 ", MessageBoxButtons.YesNo,`
04	`            MessageBoxIcon.Information) == DialogResult.Yes)`
05	`        {`
06	`            Application.Exit();`
07	`        }`
08	`    }`

6.【用户登录】模块测试

根据模块的用例图测试模块的功能，根据顺序图、活动图测试模块的工作过程和容错能力。

（1）设置启动项目和启动对象

①设置解决方案的启动项目。

由于解决方案用户登录中包括三个项目，必须设置其中一个为启动项目。在【解决方案资源管理器】中鼠标右键单击【解决方案"用户登录"】，在弹出的快捷菜单中单击选择菜单项【设置启动项目】，打开【解决方案"用户登录"属性页】，单击选择单选按钮【单启动项目】，然后在启动项目列表中选择项目"loginUI"，如图 9-20 所示。然后单击【确定】按钮，这样就设置项目"loginUI"为启动项目，在【解决方案资源管理器】中启动项目名称显示为粗体。

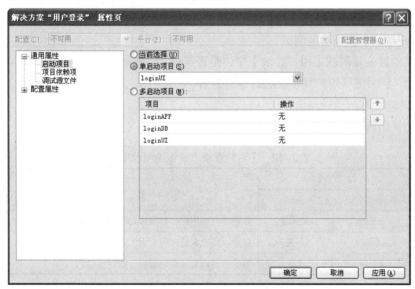

图 9-20　设置解决方案"用户登录"的启动项目

也可以在【解决方案资源管理器】中鼠标右键单击准备设置为启动项目的项目名称"loginUI"，在弹出的快捷菜单中单击选择菜单项【设为启动项目】。

②设置启动对象。

解决方案的启动项目设置完成后，接下来设置启动项目中的启动对象。在【解决方案资源管理器】中鼠标右键单击项目【loginUI】，在弹出的快捷菜单中单击选择菜单项【属性】，打开【loginUI 属性页】，在"启动对象"列表框中选择"loginUI.loginProgram"，如图 9-21 所示。然后关闭项目属性对话框即可。

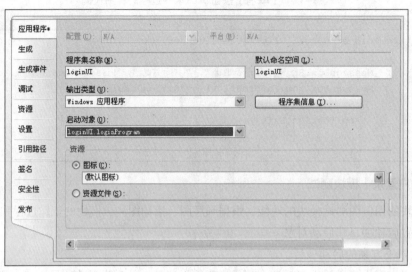

图 9-21　设置项目中的启动对象

（2）【用户登录】界面测试

① 测试内容：用户界面的视觉效果和易用性；控件状态、位置及内容确认；光标移动顺序。

② 确认方法：屏幕复制、目测，如图 9-22 所示。

③ 测试结论：合格。

（3）【用户登录】模块功能测试

图 9-22　【用户登录】窗体运行的初始状态

功能测试的目的是测试【用户登录】窗体是否实现了要求的功能，同时测试用户登录模块的容错能力。

① 准备测试用例。

准备的测试用例如表 9-12 所示。

表9-12　【用户登录】窗体的测试用例

序号	测试数据		预期结果
	用户名	密码	
1	admin	admin	显示"合法用户，登录成功"的提示信息
2	adminX	（不限）	显示"用户名或密码有误"的提示信息
3	admin	123	显示"用户名或密码有误"的提示信息

② 测试输入正确的用户名和密码时，【确定】按钮的动作。

在图 9-23 所示的窗体中，分别输入用户名为"admin"，输入密码为"admin"，然后单击【确定】按钮，出现图 9-24 所示提示信息。

测试结论：合格。

"用户信息"数据表中的确存在用户名为"admin"，密码为"admin"的记录数据，"用户信息"

数据表中现有的记录数据如表9-2所示。

图9-23　测试输入正确的用户名和密码

图9-24　登录成功的提示信息

③测试"用户名"有误时,【确定】按钮的动作。

如图9-25所示。在"用户名"文本框中输入"adminX"时,从表9-2可以看出,目前"用户信息"数据表中不存在"adminX"的用户名,也就是所输入的"用户名"有误,此时,单击【确定】按钮时会出现图9-26所示的提示信息。

测试结论:合格。

图9-25　输入不存在的用户名的情况

图9-26　"用户名或者密码有误"的提示信息

④测试"密码"输入错误时,【确定】按钮的动作。

如图9-27所示,在"用户名"文本框中输入正确的用户名"admin",在"密码"文本框中输入错误的密码"123",然后单击【确定】按钮,出现图9-26所示的提示信息。

测试结论:合格。

⑤测试【取消】按钮的有效性。

在【用户登录】窗口中单击【取消】按钮,出现图9-28所示的退出系统对话框。

测试结论:合格。

图9-27　测试用户名正确且对应的密码有误的情况

图9-28　退出系统的对话框

【任务 9-4】设计图书管理系统"修改密码"模块的 UML 模型，并实现该模型

【任务描述】

（1）设计"修改密码"模块的用例图、类图、顺序图和活动图。

（2）在数据库操作类 loginDbClass 中定义方法 editData()，编写方法的程序代码，实现修改数据表中的密码。

（3）在业务处理类 loginAppClass 中定义方法 changePassword()，编写方法的程序代码，实现修改密码的功能。

（4）设计修改密码的 Windows 窗体。

（5）编写 Windows 窗体中各按钮的 Click 事件过程的程序代码，实现修改密码与退出的功能。

（6）对以上各方法和 Windows 窗体进行测试。

【操作提示】

（1）修改用户密码的 Windows 窗体的外观如图 9-29 所示。

图 9-29 【修改用户密码】窗体的外观

 说明　　考虑该窗体独立运行的需要，在该窗体中添加了输入"用户名"的文本框，而对于真实系统修改用户密码时，并不需要"用户名"文本框及对应的标签。

（2）修改密码应使用 SQL 的 update 语句。

单元小结

本单元介绍了基于 UML 的系统分析设计方法以及系统建模的方法，以"用户登录"模块为例介绍了设计 UML 模型、建立数据库和数据表、构建模块级多层架构、创建类与编写类代码、设计程序界面、编写程序代码、模块测试全过程。使读者对软件开发有一个完整的印象。

单元习题

（1）软件生命周期是软件的产生直到报废的生命周期，周期内有问题定义、可行性分析、（　　）、概要设计、（　　）、（　　）、调试和（　　）、验收与运行、维护升级到废弃等阶段。

（2）UML 是一个通用的标准建模语言，可以对任何具有（　　）结构和（　　）行为的系统进行建模。

（3）利用 UML 建造系统模型时，在系统开发的不同阶段有不同的模型，并且这些模型的目的是不同的。在系统分析阶段，建模的目的是（　　）。在系统设计阶段，建模的目的是（　　）。

（4）需求分析阶段可以使用（　　）来描述用户需求。通过用例建模，描述对系统感兴趣的外部角色及其对系统的（　　）要求。

（5）UML 模型可以作为测试阶段的依据，不同的测试小组使用不同的 UML 图作为测试依据：单元测试使用（　　），集成测试使用（　　）和（　　）。

附录A

《UML软件建模任务驱动教程（第3版）》课程设计

1. 教学单元设计

单元序号	单元名称	重点内容	案例名称	任务数量	建议课时
单元1	预览与认知 UML 软件模型	UML 图	用户登录模块	5	6
单元2	用户登录模块建模	用例图	用户登录模块	7	6
单元3	用户管理模块建模	类图	用户管理模块	6	6
单元4	基础数据管理模块建模	顺序图	出版社数据管理模块 部门数据管理模块	8	6
单元5	业务数据管理模块建模	活动图	书目数据管理模块 图书借阅者管理模块	11	6
单元6	业务处理模块建模	状态机图 通信图	图书借出模块 图书归还模块	10	6
单元7	C/S 应用系统建模	C/S 应用系统建模	图书查询模块 图书入库模块 图书管理系统	11	10
单元8	Web 应用系统建模	Web 应用系统建模	网上书店	4	8
单元9	UML 软件模型的实现	UML 软件模型的实现	用户登录模块	4	10
	合计			66	64

2. 教学流程设计

教学环节序号	教学环节名称	说明
环节1	教学导航	明确教学目标和教学重点、熟悉教学方法、了解课时建议
环节2	前导训练	主要完成承前启后的训练任务，巩固前面各单元介绍的 UML 图，引导读者应用已具备的技能绘制 UML 图，进一步熟悉已学知识和已训技能，使每个单元的软件模型形成一套完整的 UML 图
环节3	引例探析	通过日常实例的形象分析和类比方法，引出新学的 UML 概念
环节4	知识疏理	对 UML 及软件建模的相关理论知识进行条理化、系统化的分析和讲解
环节5	方法指导	对 UML 建模的基本方法和操作步骤进行分析和说明，为同步训练和同步训练提供方法指导

教学环节序号	教学环节名称	说明
环节 6	引导训练	引导读者渐进式完成 UML 建模的操作任务，重点训练使用 Rational Rose 绘制本单元介绍的 UML 图，在完成训练任务过程理解 UML 及软件建模的理论知识，训练其创建软件模型的技能
环节 7	同步训练	参照引导训练的方法，读者自主完成类似的建模任务，达到学以致用、举一反三的目的
环节 8	单元小结	对本单元所学习的知识和训练的技能进行简要归纳总结，形成整体印象
环节 9	单元习题	通过习题测试理论知识的掌握情况和操作技能的熟练情况

3. 操作任务设计

单元序号	训练环节与任务名称	
单元 1	【前导训练】 【任务 1-1】在 Visio 中预览用户登录模块的用例图 【任务 1-2】在 Rational Rose 中预览用户登录模块的用例图 【引导训练】	【任务 1-3】认知软件系统用户登录模块的 UML 图 【同步训练】 【任务 1-4】在 Visio 中预览用户登录模块的活动图 【任务 1-5】在 Rational Rose 中预览用户登录模块的类图和顺序图
单元 2	【前导训练】 【任务 2-1】浏览用户登录模块的活动图 【任务 2-2】创建 Rose 模型"02 用户登录模块模型" 【引导训练】 【任务 2-3】绘制用户登录模块的用例图与描述用例	【同步训练】 【任务 2-4】扩充用户登录模块的参与者和用例 【任务 2-5】对参与者进行泛化且绘制用例图 【任务 2-6】分析用例间的包含关系且绘制用例图 【任务 2-7】分析用例间的扩展关系且绘制用例图
单元 3	【前导训练】 【任务 3-1】绘制用户管理模块的用例图 【引导训练】 【任务 3-2】绘制用户管理模块的类图	【同步训练】 【任务 3-3】绘制"用户权限类"的类图 【任务 3-4】绘制"密码修改界面类"的类图 【任务 3-5】浏览用户管理模块的部分顺序图 【任务 3-6】浏览用户管理的活动图
单元 4	【前导训练】 【任务 4-1】绘制"出版社数据管理"子模块的用例图 【任务 4-2】绘制"出版社类"和"出版社数据管理界面类"的类图 【引导训练】 【任务 4-3】分析与绘制"出版社数据管理"子模块的顺序图	【同步训练】 【任务 4-4】绘制部门数据管理的用例图 【任务 4-5】绘制"部门类"和"部门数据管理界面类"的类图 【任务 4-6】绘制修改部门数据的顺序图 【任务 4-7】绘制删除部门数据的顺序图 【任务 4-8】浏览更新部门数据的活动图
单元 5	【前导训练】 【任务 5-1】绘制"书目数据管理"子模块的用例图 【任务 5-2】绘制"书目类""浏览与管理书目数据界面类""新增书目界面类"和"修改书目界面类"的类图 【任务 5-3】绘制新增书目数据的顺序图 【任务 5-4】绘制修改书目数据的顺序图 【任务 5-5】绘制删除书目数据的顺序图	【引导训练】【任务 5-6】分析与绘制"书目管理"子模块的活动图 【同步训练】 【任务 5-7】绘制图书借阅者管理的用例图 【任务 5-8】绘制"借阅者类""借阅者数据管理界面类"和"新增借阅者界面类"的类图 【任务 5-9】绘制新增借阅者数据的顺序图 【任务 5-10】绘制删除借阅者数据的顺序图 【任务 5-11】绘制新增借阅者数据的活动图

单元序号	训练环节与任务名称	
单元6	【前导训练】 【任务6-1】绘制图书借出与归还模块的用例图 【任务6-2】绘制图书借出类的类图 【任务6-3】绘制图书借出界面类的类图 【任务6-4】绘制图书借出的顺序图 【任务6-5】绘制图书借出的活动图	【引导训练】 【任务6-6】绘制图书的状态机图和图书借出通信图 【同步训练】 【任务6-7】绘制图书归还类的类图 【任务6-8】绘制图书归还的顺序图 【任务6-9】绘制图书归还的活动图 【任务6-10】绘制借书证的状态机图
单元7	【前导训练】 【任务7-1】绘制"数据查询"子模块的用例图 【任务7-2】绘制"图书借阅查询类"的类图 【任务7-3】绘制"图书借阅数据查询界面类"的类图 【任务7-4】绘制"图书借阅数据查询"的顺序图 【任务7-5】绘制"图书借阅数据查询"的活动图	【引导训练】 【任务7-6】分析与构建图书管理系统的 UML 模型 【同步训练】 【任务7-7】绘制"条码编制与图书入库"子模块的用例图 【任务7-8】绘制"图书类"的类图 【任务7-9】绘制"条码编制与图书入库界面类"的类图 【任务7-10】绘制"条码编制与图书入库"的顺序图 【任务7-11】绘制"条码编制与图书入库"的活动图
单元8	【前导训练】 【任务8-1】探析网上书店系统的基本功能 【引导训练】 【任务8-2】构建网上书店系统的软件模型	【同步训练】 【任务8-3】绘制网上书店管理购物车模块的顺序图 【任务8-4】绘制网上书店用户注册的活动图
单元9	【前导训练】 【任务9-1】设计图书管理系统"用户登录"模块的 UML 模型 【任务9-2】建立图书管理系统"用户登录"模块的数据库和数据表	【引导训练】 【任务9-3】实现图书管理系统"用户登录"模块的软件模型 【同步训练】 【任务9-4】设计图书管理系统"修改密码"模块的 UML 模型,并实现该模型

附录B
Rational Rose的主界面与工具栏简介

B.1　Rational Rose 的主界面

Rational Rose 的主界面由标题栏、菜单栏、工具栏、工作区和状态栏组成。默认的工作区又分为 3 个部分，左侧是【模型浏览】窗口和【文档】窗口，右侧是模型图窗口，下侧是【日志】窗口。

1. 标题栏

标题栏用来显示当前正在编辑的模型名称，对于刚刚新建的模型，还没有被保存，所以标题栏上显示为 untitled，如图 B-1 所示。

Rational Rose – (untitled)

图 B-1　Rational Rose 主界面的标题栏

2. 菜单栏

菜单栏包含了所有可以进行的操作，主菜单项有【File】（文件）、【Edit】（编辑）、【View】（视图）、【Format】（格式）、【Browse】（浏览）、【Report】（报告）、【Query】（查询）、【Tools】（工具）、【Add-Ins】（插件）、【Window】（窗口）、【Help】（帮助）。如图 B-2 所示。

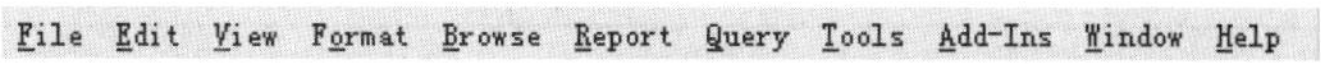

File Edit View Format Browse Report Query Tools Add-Ins Window Help

图 B-2　Rational Rose 的主界面的菜单栏

在每一个主菜单有二级菜单项，例如，在【View】（视图）菜单项中包含了二级菜单【Toolbars】（工具栏）、【Status Bar】（状态栏）、【Documentation】（文档窗口）、【Browser】（模型浏览窗口）、【Log】（日志区）、【Editor】（内部编辑器）等，这些二级菜单如果选中，则在工作区显示对应的窗口，否则隐藏对应的窗口。

有些二级菜单项下还有三级菜单项，例如【View】|【Toolbars】菜单项下包含了三级菜单【Standard】（标准工具栏）、【Toolbox】（编辑工具栏）、【Configure】（定制工具栏）。

在【Browse】（浏览）菜单中包含了二级菜单项【Use Case Diagram】（用例图）、【Class Diagram】（类图）、【Component Diagram】（组件图）、【Deployment Diagram】（部署图）、【Interaction

Diagram】（交互图）和【State Machine Diagram】（状态机图）。

下面分别介绍这些菜单。

（1）【File】菜单

【File】菜单的下级菜单如表 B-1 所示。

表B-1　【File】菜单的下级菜单

二级菜单	三级菜单	快捷键	用途
New		Ctrl + N	创建新的模型文件
Open		Ctrl + O	打开所有的模型文件
Save		Ctrl + S	保存模型文件
Save As			将当前的模型保存到其他的模型文件中
Save Log As			保存日志文件
AutoSave Log			自动保存日志
Clear Log			清空日志记录区
Load Model Workspace			加载模型工作区
Save Model Workspace			保存模型工作区
Save Model Workspace As			将当前的模型工作区保存为其他的模型工作区
Units	load		加载
	Save		保存
	Save As		另存为
	Unload		卸载
	Control		控制
	Uncontrol		放弃控制
	Write Protection		写保护
	CM		存在 4 级菜单（见附表 B-2）
Import			导入模型
Export Model			导出模型
Update			更新模型
Print		Ctrl + P	打印模型中的图和说明书
Page Setup			打印时的页面设置
Edit Path Map			设置虚拟映射
Exit			退出 Rose

二级菜单选项【Units】下的三级菜单（【CM】除外）因模型元素的不同而不同。

【CM】的下级菜单如表 B-2 所示。

表B-2　【CM】的下级菜单

四级菜单	用途
Add to Version Control	将模型元素加入版本控制
Remove From Version Control	将模型元素从版本控制中删除
Start Version Control Explorer	启动 Rose 里的版本控制系统
Get Latest	获取模型元素的最新版本

四级菜单	用途
Check Out	放弃当前版本
Check In	登记当前版本
Undo Chick Out	撤销上一次的【Chick Out】操作
File Properties	显示加入版本控制的模型元素的信息
File History	显示加入版本控制的模型元素的历史信息
Version Control Option	版本控制选项
About Rational Rose Version Control Integration	显示 Rational Rose 版本控制的版本信息

（2）【Edit】菜单

不同类型的图，其【Edit】菜单的下级菜单不同，但是有一些选项是共有的，如表 B-3 所示。不同类型的图对应的不同选项如表 B-4 所示。

表B-3 共有的【Edit】下级菜单

二级菜单	快捷键	用途
Undo	Ctrl + Z	撤消前一次的操作
Redo	Ctrl + Y	重做前一次的操作
Cut	Ctrl + X	剪切
Copy	Ctrl + C	复制
Paste	Ctrl + V	粘贴
Delete	DEL	删除
Select All	Ctrl + A	全选
Delete from Model	Ctrl + D	删除模型中的元素
Find	Ctrl + F	查找
Reassign		重新指定模型元素

表B-4 不同类型的图不同的【Edit】下级菜单

不同类型的图	二级菜单	三级菜单	用途
Use Case Diagram、Class Diagram	Relocate		重新部署模型元素
	Compartment		编辑模块
	Change Info	Class	更改类
		Parameterized Class	更改参数化的类
		Instantiated Class	更改示例化的类
		Class Utility	更改类的效用
		Parameterized Class Utility	更改参数化的类的效用
		Instantiated Class Utility	更改示例化的类的效用
		Uses Dependency	更改依赖关系
		Generalization	更改概括
		Instantiates	更改示例
		Association	更改关联关系
		Realize	更改实现

不同类型的图	二级菜单	三级菜单	用途
Component Diagram	Relocate		重新部署模型元素
	Compartment		编辑模块
	Change Info	Subprogram specification	更改子系统规范
		Subprogram body	更改子系统体
		Generic subprogram	更改虚子系统
		Main program	更改主程序
		Package specification	更改包规范
		Package body	更改包体
		Task specification	更改工作规范
		Task body	更改工作体
Deployment Diagram	Relocate		重新部署模型元素
	Compartment		编辑模块
Sequence Diagram	Attach Script		添加脚本
	Detach Script		删除脚本
Collaboration Diagram	Compartment		编辑模块
Statechart Diagram	Compartment		编辑模块
	Change Info	State	将活动变为状态
		Activate	将状态变为活动
Activate Diagram	Relocate		重新部署模型元素
	Compartment		编辑模块
	Change Info	State	将活动变为状态
		Activate	将状态变为活动

（3）【View】菜单

【View】菜单的下级菜单如表 B-5 所示。

表B-5　【View】菜单的下级菜单

二级菜单	三级菜单	快捷键	用途
Toolbars	Standard		显示或隐藏标准工具栏
	Toolbox		显示或隐藏编辑区工具栏
	Configure		定制工具栏
Status Bar			显示或隐藏状态栏
Documentation			显示或隐藏文档窗口
Browser			显示或隐藏浏览器
Log			显示或隐藏日志区
Editor			显示或隐藏内部编辑器
Time Stamp			显示或隐藏时间戳
Zoom to Selection		Ctrl + M	居中显示
Zoom In		Ctrl + I	放大
Zoom Out		Ctrl + U	缩小

二级菜单	三级菜单	快捷键	用途
Fit In Window		Ctrl + W	设置显示比例，使整个图放进窗口
Undo Fit In Window			撤销【Fit In Window】操作
Page Breaks			显示或隐藏页的边缘
Refresh		F2	刷新
As Booch		Ctrl +Alt + B	用 Booch 符号表示模型
As OMT		Ctrl +Alt + O	用 OMT 符号表示模型
As Unified		Ctrl +Alt + U	用 UML 符号表示模型

（4）【Format】菜单

【Format】菜单的下级菜单表 B-6 所示。

表B-6　【Format】菜单的下级菜单

二级菜单	三级菜单	用途	说明
Font Size	8	调整为 8 号字	
	10	调整为 10 号字	
	12	调整为 12 号字	
	14	调整为 14 号字	
	16	调整为 16 号字	
	18	调整为 18 号字	
Font		设置字体	
Line Color		设置线段颜色	
Fill Color		设置图标颜色	
Use Fill Color		使用设置的图标颜色	
Automatic Resize		自动调节图表大小	
Stereotype Display	None	选择空的构造型	
	Label	选择带标签的模板	
	Decoration	选择带注释的模板	
	Icon	选择带图标的模板	
Stereotype Label		显示构造型标签	
Show Visibility		显示类的访问类型	
Show Compartment Stereotype		显示构造型的属性或操作	
Show Operation signature		显示操作的署名（即参数和返回值）	
Show All Attributes		显示所有的属性	
Show All Operations		显示所有的操作	
Show All Columns		显示数据模型图中一张表的所有列	Use Case Diagram 和 Class Diagram 中没有
Show All Triggers		显示数据模型图中一张表的所有触发器	Use Case Diagram 和 Class Diagram 中没有
Suppress Attributes		禁止显示所有类的属性	
Suppress Operations		禁止显示所有类的操作	

二级菜单	三级菜单	用途	说明
Suppress Columns		禁止显示数据模型图中一张表的列	Use Case Diagram 和 Class Diagram 中没有
Suppress Triggers		禁止显示数据模型图中一张表的触发器	Use Case Diagram 和 Class Diagram 中没有
Line Style	Rectilinear	选择垂线样式	Collaboration Diagram 中没有
	Oblique	选择斜线样式	Collaboration Diagram 中没有
	Toggle (Ctrl + Alt + L)	选择折线样式	Collaboration Diagram 中没有
Layout Diagram		根据设置重新排列图中所有的图形	Sequence Diagram 和 Collaboration Diagram 中没有
Autosize All		自动调节图标大小	Component Diagram 和 Deployment Diagram 中没有
Layout Selected Shapes		根据设置重新排列图中选中的图形	Sequence Diagram 和 Collaboration Diagram 中没有

提示 表 B–6 中"说明"一栏没有特别注明的，表示该菜单选项在所有的图中都存在。

（5）【Browse】菜单

不同图【Browse】菜单的下级菜单不同，但是有一些选项是共有的，如表 B–7 所示。不同类型的图对应不同的下级菜单如表 B–8 所示。

表B–7 不同图中相同的【Browse】下级菜单

二级菜单	快捷键	用途
Use Case Diagram		浏览用例图
Class Diagram		浏览类图
Component Diagram		浏览组件图
Deployment Diagram		浏览部署图
Interaction Diagram		浏览交互图
State Machine Diagram	Ctrl + T	浏览状态机图
Expand	Ctrl + E	浏览选中的逻辑包或组件包的主图
Parent		浏览父图
Specification	Ctrl + B	浏览模型元素的规范
Top Level		游览最上层的图
Previous Diagram	F3	游览前一个图

表B–8 不同类型图中不同的【Browse】下级菜单

图	二级菜单	快捷键	用途
Use Case Diagram、Class Diagram	Referenced Item	Ctrl + R	浏览选中项目相关的图或说明书
	Create Message Trace Diagram	F5	创建消息追踪图

图	二级菜单	快捷键	用途
Sequence Diagram	Referenced Item	Ctrl + R	浏览选中项目相关的图或说明书
	Create Collaboration Diagram	F5	根据顺序图中的信息创建通信图
Collaboration Diagram	Referenced Item	Ctrl + R	浏览选中项目相关的图或说明书
	Create Sequence Diagram	F5	根据通信图中的信息创建顺序图
Component Diagram、Deployment Diagram	Referenced Item	Ctrl + R	浏览选中项目相关的图或说明书

（6）【Report】菜单

【Report】菜单的下级菜单如表 B-9 所示。

表B-9　【Report】菜单的下级菜单

二级菜单	用途	说明
Show Usage	显示所选项目在哪里被使用	全部图中都有
Show Instances	获得所有包含所选类的通信图的列表	用例图和类图中有
Show Access Violations	获得类图中包之间所有拒绝访问的列表	用例图和类图中有
Show Participants in UC	获得用例中所有参与者列表	全部图中都有
Show Unresolved Objects	获得所有所选项目中未解决的对象列表	顺序图和通信图中有
Show Unresolved Messages	获得所有所选项目中未解决的消息列表	顺序图和通信图中有

（7）【Query】菜单

在顺序图、通信图和配置图中没有【Query】菜单，在其他的图中【Query】的下级菜单也是不同的，如表 B-10 所示。

表B-10　【Query】的下级菜单

图	二级菜单	用途
Use Case Diagram、Class Diagram	Add Class	添加类
	Add Use Case	添加用例
	Expand Selected Elements	扩展所选的元素
	Hide Selected Elements	隐藏所选的元素
	Filter Relationships	过滤关系
Statechart Diagram、Activate Diagram	Add Elements	添加元素
	Expand Selected Elements	扩展所选的元素
	Hide Selected Elements	隐藏所选的元素
	Filter Transitions	过滤转换
Component Diagram	Add Components	添加组件
	Add Interfaces	添加接口
	Expand Selected Elements	扩展所选的元素
	Hide Selected Elements	隐藏所选的元素
	Filter Relationships	过滤关系

（8）【Tools】菜单

【Tools】菜单的下级菜单如表 B–11 所示。

表B–11　【Tools】菜单的下级菜单

二级菜单	三级菜单	四级菜单	用途
Create	每种图的三级菜单不同，如表 B-12		
Check Model			搜寻模型中未解决的引用，并且在日志区中输出结果
Model Properties	Edit（F4）		编辑模型道具
	View		显示模型道具
	Replace		加载模型道具集合
	Export		导出模型道具集合
	Add		添加新的模型道具
	Update		更新模型道具集合
Options			定制 Rose 选项
Open Script			打开现有的脚本
New Script			创建新的脚本
ANSI C++	Open ANSI C++ Specification		编辑 ANSI C++ 规范
	Browse Header		浏览 ANSI C++ 标题
	Browse Body		浏览 ANSI C++ 主体
	Reverse Engineer		由 ANSI C++ 代码生成模型
	Generate Code		生成 ANSI C++ 代码
	Class Customization		定制生成 ANSI C++ 中的类
	Preferences		定制 ANSI C++ 的参数
	Convert From Classic C++		从经典 C++ 转变为 ANSI C++
Ada 83	Code Generation		生成 Ada 83 代码
	Browse Spec		浏览 Ada 83 说明书
	Browse Body		浏览 Ada 83 主体
Ada 95	Code Generation		生成 Ada 95 代码
	Browse Spec		浏览 Ada 95 说明书
	Browse Body		浏览 Ada 95 主体
CORBA	Project Specification		编辑 CORBA 工程规范
	Syntax Check		CORBA 语言检测
	Browse CORBA Source		浏览 CORBA 来源
	Reverse Engineer CORBA		由 CORBA 代码生成模型
	Generate Code		生成 CORBA 代码
J2EE Deploy	Deploy		配置 J2EE
Java / J2EE	Project Specification		编辑 Java / J2EE 工程规范
	Syntax Check		Java / J2EE 语法检测
	Edit Code		编辑 Java / J2EE 代码
	Gennerate Code		生成 Java / J2EE 代码

二级菜单	三级菜单	四级菜单	用途
Java / J2EE	Reverse Engineer		由 Java / J2EE 代码生成模型
	CheckIn		登记当前的 Java / J2EE 代码
	CheckOut		放弃当前的 Java / J2EE 代码
	Undo CheckOut		撤销上次【Checkout】操作
	Use Source Code Control Explorer		使用源代码控制探测器
	New EJB		创建新的 EJB
	New Servlet		创建新的 Servlet
	Generate EJB-JAR File		生成 EJB-JAR 文件
	Generate W AR File		生成 WAR 文件
Oracle 8	Data Type Creation Wizard		创建 Oracle 8 数据类型
	Ordering Wizard		更改 Oracle 8 中属性和队列的顺序
	Edit Foreign Keys		创建和编辑关系表的外键
	Analyze Schema		分析 Oracle 8 图表
	Schema Generation		生成 Oracle 8 图表
	Syntax Checker		Oracle8 语法检测
	Reports		生成 Oracle8 数据模型报告
	Import Oracle8 Data Types		导入 Oracle8 数据型
Quality Architect	Console		打开质量结构控制台
	Unit Test	Generate Unit Test	生成单元测试
		Select Unit Test Template	选择单元测试模板
		Create/Edit Datapool	创建或编辑数据池
	Stubs	Generate Stub	生成存根
		Create/Edit Look-up Table	创建或编辑查询表
	Scenario Test	Generate Scenario Test	生成情景测试
		Select Scenario Template	选择情景模板
Online Manual	Online Manual		打开在线手册
Model Integrator			打开模型集成器
Web Publisher			发布模型
TOPLink			进行 TOPLink 转换
COM	Properties		定制 COM 选项
	Import Type Library		将 COM 组件的类型库导入模型
Visual C++	Model Assistant		打开 Visual C++ 建模助手
	Component Assignment Tool		打开 Visual C++ 组件分配工具
	Update Code		打开 Visual C++ 代码更新工具
	Update Model from Code		打开模型更新工具
	Class Wizard		创建新的 Visual C++ 类
	Undo Last Code Update		撤销上次的【Code Update】操作

二级菜单	三级菜单	四级菜单	用途
Visual C++	COM	New ATL Object	将选择的类或接口扩展到一个完全模型化的 ATL 对象中
		Implement interfaces	将选择的接口中的所有方法（操作）写到对应的实现类中
		Module Dependency Properties	在组件依赖关系上设置 COM 导入选项
		How do I	介绍如何实现 COM（ATL）中的接口类对应的实现类
	Quick Import ALT 3.0		将 ATL 3.0 类型库中的类导入模型
	Quick Import MFC 6.0		将 MFC 6.0 类型库中的类导入模型
	Model Converter		将 Rational Rose 中的 C++ 模型转化为 Visual C++ 形式
	Frequently Asked Questions		打开 Rose 中关于 Visual C++ 的帮助
	Properties		设置 Visual C++ 选项
Version Control	Add to Version Control		将模型元素加入版本控制
	Remove From Version Control		将模型元素从版本控制中删除
	Start Version Control Explorer		启动 Rational Rose 里的版本控制系统
	Check Out		登记当前版本
	Undo Cheek Out		放弃当前版本
	Get Latest		撤销上一次的【Check Out】操作
	File History		显示加入版本控制的模型元素的信息
	Version Control Options		版本控制选项
	About Rational Rose Version Control Integration		显示 Rational Rose 版本控制的版本信息
Visual Basic	Model Assistant		打开 Visual Basic 建模助手
	Component Assignment Tool		打开 Visual Basic 组件分配工具
	Update Code		打开 Visual Basic 代码更新工具
	Update Model form		打开 Visual Basic 模型更新工具
	Class Wizard		创建新的 Visual Basic 类
	Add Reference		将 COM 组件的类型库导入模型
	Browse Source Code		浏览 Visual Basic 源码
	Properties		设置 Visual Basic 选项
Web Modeler	User Preferences		设置网络建模器中的用户参数
	Reverse Engineer a New Web Application		由网络应用生成模型

二级菜单	三级菜单	四级菜单	用途
XML-DTD	Project Specification		编辑 XML-DTD 工程规范
	Syntax Check		XML-DTD 语法检测
	Browse XML-DTD Source		浏览 XML-DTD 来源
	Reverse Engineer XML-DTD		由 XML-DTD 代码生成模型
	Generate Code		生成 XML-DTD 代码
Class Wizard			创建新类

二级菜单选项【Create】的下级菜单如表 B–12 所示。

表B–12　二级菜单选项【Create】的下级菜单

图的类型	三级菜单	用途
Use Case Diagram、Class Diagram	Text	新建文本
	Note	新建注释
	Note Anchor	新建注释锚
	Class	新建类
	Parameterized Class	新建参数化的类
	Interface	新建接口
	Actor	新建参与者
	Use Case	新建用例
	Association	新建关联
	Unidirectional Association	新建单向的关联
	Aggregation	新建聚合
	Unidirectional Aggregation	新建单向的聚合
	Association Class	新建关联类
	Generalization	新建一般化关系
	Dependency or Instantiates	新建依赖或示例
	Realize	新建实现关系
	Package	新建包
	Instantiated Class	新建示例化的类
	Class Utility	新建类的效用
	Parameterized Class Utility	新建参数化类的效用
	Instantiated Class Utility	新建示例化类的效用
Statechart Diagram、Activate Diagram	Text	新建文本
	Note	新建注释
	Note Anchor	新建注释锚
	State	新建状态
	Activity	新建活动
	Start State	新建起始状态
	End State	新建结束状态
	Transition	新建转换

图的类型	三级菜单	用途
Statechart Diagram、Activate Diagram	Transition to Self	新建自身转换
	Horizontal Synchronization Bar	新建水平的同步条
	Vertical Synchronization Bar	新建垂直的同步条
	Decision	新建决定
	Swimlane	新建泳道
	Object	新建对象
	Object Flow	新建对象流
Sequence Diagram	Text	新建文本
	Note	新建注释
	Note Anchor	新建注释锚
	Object	新建对象
	Message	新建消息
	Message To Self	新建发给自己的消息
Collaboration Diagram	Text	新建文本
	Note	新建注释
	Note Anchor	新建注释锚
	Object	新建对象
	Class Instance	新建类的实例
	Object Link	新建对象链接
	Link To Self	新建指向自身的链接
	Message	新建消息
	Reverse Message	新建反向消息
	Data Token	新建数据记号
	Reverse Data Token	新建反向的数据记号
Component Diagram	Text	新建文本
	Note	新建注释
	Note Anchor	新建注释锚
	Dependency	新建依赖
	Package	新建包
	Subprogram specification	新建子程序规范
	Subprogram body	新建子程序主体
	Generic subprogram	新建通用子程序
	Main program	新建主程序
	Package specification	新建包规范
	Package body	新建包主体
	Generic package	新建通用包
	Task specification	新建任务规范
	Task body	新建任务主体

图的类型	三级菜单	用途
Deployment Diagram	Text	新建文本
	Note	新建注释
	Note Anchor	新建注释锚
	Processor	新建处理器
	Device	新建设备
	Connection	新建连线

（9）【Add-Ins】菜单

【Add-Ins】菜单下只有一个【Add-In Manager】选项，其用途是附加选项的状态：活动或无效的。

（10）【Window】菜单

【Window】菜单的下级菜单如表 B–13 所示。

表B–13　【Window】菜单的下级菜单

二级菜单	用途
Cascade	层叠编辑区窗口
Tile	平均分配编辑区窗口
Arrange Icons	排列编辑区最小化窗口的图标

（11）【Help】菜单

【Help】菜单的下级菜单如表 B–14 所示。

表B–14　【Help】菜单的下级菜单

二级菜单	三级菜单	用途
Contents and Index		显示文档主题的列表
Search for Help On		搜寻一个指定的帮助主题
Using Help		在线查看帮助
Extended Help		查看扩展帮助
Contracting Technical Support		客户支持
Rational on the Web	Rational Home Page	打开 Rational 的主页
	Rose Home Page	打开 Rational Rose 的主页
	Technical Support	打开技术支持的主页
Rational Developer Network		打开 Rational 开发者网站
About Rational Rose		显示 Rational Rose 的产品信息

3. 工具栏

Rational Rose 有两个工具栏：标准工具栏和编辑工具栏，标准工具栏包含了最常用的一些操作，当然，用户也可以自行添加或删除工具栏中的按钮，默认的情况下，工具栏从左至右依次分为 7 组，如图 B–3 所示。

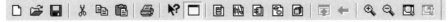

图 B-3　Rational Rose 的默认工具栏

第1组有3个铵钮，分别对应【File】（文件）菜单中的【New】（新建模型）、【Open】（打开现有模型）和【Save】（保存模型）菜单项。

第2组有3个按钮，分别对应【Edit】（编辑）菜单中的【Cut】（剪切）、【Copy】（复制）和【Paste】（粘贴）菜单项。

第3组只有1个按钮，对应的是【Print】（打印模型中的图和说明书）。

第4组有2个按钮，对应的是【Help】（帮助）、【View Doc】（显示或隐藏文档窗口）菜单项。

第5组有5个按钮，分别为【Browse Class Diagram】（浏览类图）、【Browse Interaction Diagram】（浏览交互图）、【Browse Component Diagram】（浏览组件图）、【Browse State Machine Diagram】（浏览状态机图）、【Browse Deloyment Diagram】（浏览部署图），浏览不同类型的图。

第6组是浏览工具栏，使用其中的按钮可以在图之间切换。第1个按钮【Browse Parent】（浏览父图）用于浏览在层次结构中当前图的父图，第2个按钮【Browse Previous Diagram】（浏览前一张图）用于切换到当前图的前一张图。

第7组是显示工具栏，使用此工具栏的按钮可以使显示的图形按需要放大或缩小。从左至右分别是【Zoom In】（放大）、【Zoom Out】（缩小）、【Fit In Window】（和显示窗口一样大）以及【Undo Fit In Window】（恢复原来大小）。

标准工具栏中包含了最常用的一些操作命令，用户也可以根据自己的需要自行添加或删除标准工具栏中的按钮。单击菜单【Tools】的二级菜单【Options】，显示【Options】对话框，然后选择选项卡【Toolbars】，在该选项卡中可以自制工具栏。

4. 工作区

工作区分成三个部分：左侧的部分是【模型浏览】窗口和【文档】窗口，其中上方是【模型浏览】窗口，下方是对应的【文档】窗口，选中【模型浏览】窗口的某个对象（类、关系或图），下面的【文档】窗口就会显示其对应的文档名称，如图 B-4 所示。

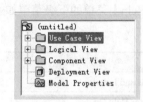

图 B-4 【模型浏览】窗口和【文档】窗口

【模型浏览】窗口是层次结构，显示成树形视图样式，用于在 Rose 模型中迅速定位。【模型浏览】窗口可以显示模型中的所有元素，包括用例、关系、类和组件等，每个模型元素可能又包含其他元素。利用【模型浏览】窗口可以完成以下操作：增加模型元素（参与者、用例、类、组件和图等）、浏览现有的模型元素、浏览现有的模型元素之间的关系、移动模型元素、更名模型元素、将模型元素添加到图中、将文件或者 URL 链接到模型元素上、访问模型元素的详细规范、打开图等。

【模型浏览】窗口中包含四类视图：Use Case View（用例视图）、Logical View（逻辑视图）、Component View（组件视图）和 Deployment View（部署视图）。创建新 Rose 模型时，在用例视图中自动创建"Main"用例图，该图是不能删除的，同样在逻辑视图中会自动创建一个"Main"类图，在组件视图中会创建一个"Main"组件图，该图是不能删除的。部署视图中只包含一个部署图，一个系统只能有一个部署图。

【文档】窗口用于为 Rose 模型元素建立文档，例如对【模型浏览】窗口中的每一个参与者写一个简要定义，只要在【文档】窗口输入该定义即可。将文档加入类中时，从【文档】窗口输入的所有内容都将显示为产生的代码的注释。当在【模型浏览】窗口或者编辑中选择不同的模型元素时，【文档】窗口会自动更新显示所选元素的文档。

【日志】窗口如图 B-5 所示。【日志】窗口中记录了对模型所做的所有重要修改。

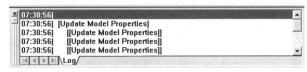

图 B-5　【日志】窗口

5. 状态栏

状态栏显示了一些提示和当前所用的语言，如图 B-6 所示。

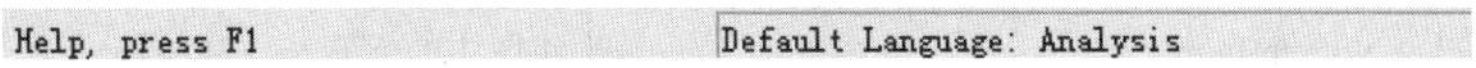

| Help, press F1 | Default Language: Analysis |

图 B-6　状态栏

B.2 Rational Rose 的标准工具栏和编辑工具栏

1. 标准工具栏

标准工具栏按钮的图标、名称及其具体功能如表 B-15 所示。

表B-15　标准工具栏简介

按钮图标	按钮名称	功能说明
	Create New Model File	创建新的模型文件
	Open Existing Model or FILE	打开现有的模型、文件
	Save Mode, File or Script	保存模型、文件或脚本
	Cut	剪切
	Copy	复制
	Paste	粘贴
	Print	打印模型中的图和说明书
	Context Sensitive Help	访问帮助文件
	View Documentation	显示或隐藏【文档】窗口
	Browse Class Diagram	浏览类图
	Browse Interaction Diagram	浏览交互图
	Browse Component Diagram	浏览组件图
	Browse State Machine Diagram	浏览状态机图
	Browse Deployment Diagram	浏览部署图
	Browse Parent	浏览图的父图
	Browse Previous Diagram	浏览前一个图
	Zoom In	放大
	Zoom Out	缩小
	Fit Window	设置显示比例，使整个图放大至显示窗口
	Undo Fit In Window	撤销【Fin Window】的操作

2. 编辑工具栏

（1）用例图编辑工具栏按钮简介

用例图编辑工具栏按钮的图标、名称及其具体功能如表 B-16 所示。

表B-16　用例图编辑工具栏简介

按钮图标	按钮名称	功能说明
	Selection Tool	选择一项
	Text Box	添加文本框
	Note	添加注释
	Anchor Note to Item	将图中的元素与注释相连
	Package	包
	Use Case	用例
	Actor	参与者
	Unidirectional Association	关联关系
	Dependency or instantiates	依赖关系和实例关系
	Generalization	泛化关系

（2）类图编辑工具栏按钮简介

类图编辑工具栏按钮的图标、名称及其具体功能如表 B-17 所示。

表B-17　类图编辑工具栏简介

按钮图标	按钮名称	功能说明
	Selection Tool	选择一项
	Text Box	添加文本框
	Note	添加注释
	Anchor Note to Item	将图中的元素与注释相连
	Class	类
	Interface	接口
	Unidirectional Association	单向的关联关系
	Association Class	关联类
	Package	包
	Dependency or instantiates	依赖关系或实例关系
	Generalization	泛化关系
	Realize	实现关系
	Aggregation	聚合关系
	Association	关联关系

（3）状态机图编辑工具栏按钮简介

状态机图编辑工具栏按钮的图标、名称及其具体功能如表 B-18 所示。

表B-18 状态机图编辑工具栏简介

按钮图标	按钮名称	功能说明
↖	Selection Tool	选择一项
ABC	Text Box	添加文本框
⊡	Note	添加注释
⟋	Anchor Note to Item	将图中的元素与注释相连
▭	State	添加状态
•	Start State	状态机图的起点
◉	End State	状态机图的终点
↗	State Transition	状态之间的转换
↻	Transition to self	状态的自转换
◇	Decision	决策判定

（4）活动图编辑工具栏按钮简介

活动图编辑工具栏按钮的图标、名称及其具体功能如表 B-19 所示。

表B-19 活动图编辑工具栏简介

按钮图标	按钮名称	功能说明
↖	Selection Tool	选择一项
ABC	Text Box	添加文本框
⊡	Note	添加注释
⟋	Anchor Note to Item	将图中的元素与注释相连
▭	State	添加状态
⊟	Activity	添加活动
•	Start State	活动图的起点
◉	End State	活动图的终点
↗	State Transition	状态之间的转换
↻	Transition self	状态的自转换
—	Horizontal Synchronization	水平同步（水平棒）
∣	Vertical Synchronization	垂直同步（垂直棒）
◇	Decision	决策判定
⊡	Swimlane	泳道
▤	Object	对象
↗	Object Flow	对象流

（5）顺序图编辑工具栏按钮简介

顺序图编辑工具栏按钮的图标、名称及其具体功能如表 B-20 所示。

表B-20 顺序图编辑工具栏简介

按钮图标	按钮名称	功能说明
↖	Selection Tool	选择一项
ABC	Text Box	添加文本框

按钮图标	按钮名称	功能说明
	Note	添加注释
	Anchor Note to Item	将图中的元素与注释相连
	Object	添加对象
	Object Message	在两个对象之间添加消息
	Message to Self	添加反身消息
	Return Message	返回消息
	Destruction Marker	生命线上的中止符
	Procedure Call	两个对象之间的过程调用
	Asynchronous Message	两个对象之间的异步消息

（6）通信图编辑工具栏按钮简介

通信图编辑工具栏按钮的图标、名称及其具体功能如表 B-21 所示。

表B-21　通信图编辑工具栏简介

按钮图标	按钮名称	功能说明
	Selection Tool	选择一项
	Text Box	添加文本框
	Note	添加注释
	Anchor Note to Item	将图中的元素与注释相连
	Object	添加对象
	Class Instance	添加类实例
	Object Link	创建对象间的链接（通信路径）
	Link to Self	创建对象的反身链接
	Link Message	在两个对象之间或一个对象本身增加消息
	Reverse Link Message	在两个对象之间或一个对象本身从反方向增加消息
	Data Token	显示两个对象之间的信息流
	Reverse Data Token	在反方向显示两个对象之间的信息流

（7）组件图编辑工具栏按钮简介

组件图编辑工具栏按钮的图标、名称及其具体功能如表 B-22 所示。

表B-22　组件图编辑工具栏简介

按钮图标	按钮名称	功能说明
	Selection Tool	选择一项
	Text Box	添加文本框
	Note	添加注释
	Anchor Note to Item	将图中的元素与注释相连
	Component	组件
	Package	包
	Dependency	依赖关系

按钮图标	按钮名称	功能说明
	Subprogram Specification	子程序规范
	Subprogram Body	子程序实体
	Main Program	主程序
	Package Specification	包规范
	Package Body	包实体
	Task Specification	任务规范
	Task Body	任务实体
	Generic Package	通用子程序
	Generic Subprogram	通用名
	Database	数据库

（8）部署图编辑工具栏按钮简介

部署图编辑工具栏按钮的图标、名称及其具体功能如表 B-23 所示。

表B-23　配置图编辑工具栏简介

按钮图标	按钮名称	功能说明
	Selection Tool	选择一项
	Text Box	添加文本框
	Note	添加注释
	Anchor Note to Item	将图中的元素与注释相连
	Processor	处理器
	Connection	连接
	Device	设备

3. 编辑工具栏的定制

用户可以根据需要自行定制和添加工具栏中的图标按钮，操作方法为：鼠标右键单击编辑工具栏，在弹出的快捷菜单中单击选择菜单项【Customize】，打开图 B-7 所示的【自定义工具栏】对话框。

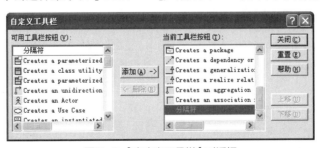

图B-7　【自定义工具栏】对话框

在【自定义工具栏】对话框左侧"可用工具栏按钮"列表中单击选择要添加的工具按钮，单击中间的【添加】按钮，就可以将其添加到右边"当前工具栏按钮"列表中，然后单击【关闭】按钮，编辑工具栏中便会出现刚才添加的工具按钮图标。如果要恢复 Rational Rose 中编辑工具栏的默认设置，则在【自定义工具栏】中单击【重置】按钮即可。

参考文献

[1] 陈承欢. UML 软件建模任务驱动教程（第 2 版）. 北京：人民邮电出版社，2015.
[2] 陈承欢. 管理信息系统开发项目式教程（第 3 版）. 北京：人民邮电出版社，2018.